Albert M. Riedl

Der objektive Unternehmenswert

Annäherung an einen fairen Kaufpreis mittels Earnout

igel Verlag RWS

Riedl, Albert M.: Der objektive Unternehmenswert: Annäherung an einen fairen Kaufpreis mittels Earnout, Hamburg, Igel Verlag RWS 2014

Buch-ISBN: 978-3-95485-192-8
PDF-eBook-ISBN: 978-3-95485-692-3
Druck/Herstellung: Igel Verlag RWS, Hamburg, 2014

Bibliografische Information der Deutschen Nationalbibliothek:
Die Deutsche Nationalbibliothek verzeichnet diese Publikation in der Deutschen Nationalbibliografie; detaillierte bibliografische Daten sind im Internet über http://dnb.d-nb.de abrufbar.

Hermannstal 119k, 22119 Hamburg
http://www.diplomica.de, Hamburg 2014
Printed in Germany

Inhaltsverzeichnis

Abbildungsverzeichnis

Abkürzungsverzeichnis

APV	Adjusted Present Value
bzgl.	bezüglich
bzw.	beziehungsweise
CAPM	Capital Asset Pricing Model
CAR	Cumulative Abnormal Return
CEO	Chief Executive Officer
CFO	Chief Financial Officer
DCF	Discounted Cashflow
d.h.	das heißt
EBITDA	Earnings before Interest, Taxes, Depreciation and Amortization
EBIT	Earnings before Interest and Taxes
EBT	Earnings before Taxes
etc.	et cetera
EV	Unternehmensgesamtwert
f.	folgende
GmbH	Gesellschaft mit beschränkter Haftung
HGB	Handelsgesetzbuch
Hrsg.	Herausgeber
IFRS	International Financial Reporting Standards
Inc.	Incorporated
IT	Informationstechnologie
K	Käufer
KCV	Kurs/Cashflow-Verhältnis
KGV	Kurs/Gewinn-Verhältnis
M&A	Merger & Acquisitions
MBO	Management Buy Out
No.	Number
Nr.	Nummer
o.J.	ohne Jahr
o.V.	ohne Verfasser
S.	Seite
SA	Société Anonyme
SDC	Securities Data Corporation
SIC	Standard Industrial Classification

SpVgg	Spielvereinigung
u.a.	unter anderem
u.U.	unter Umständen
URL	Uniform Resource Locator
US, USA	United States of America
US-GAAP	US-amerikanische Generally Accepted Accounting Principles
V	Verkäufer
Vol.	Volume
v.a.	vor allem
vgl.	vergleiche
WACC	Weighted Average Cost of Capital
z.B.	zum Beispiel

1 Problemstellung und Zielsetzung

1.1 Einführung in die Problematik

Der Markt für Fusionen und Übernahmen, international besser bekannt unter Merger & Acquisitions (kurz: M&A), erfuhr insbesondere in den letzten zwei Jahrzehnten eine intensive Belebung.[1] Dies liegt v.a. an der zunehmenden Globalisierung der Handelsbeziehungen. Den damit verbundenen Herausforderungen sind zahlreiche Unternehmen in ihrer bisherigen Struktur und Größe oft nicht gewachsen.[2] Der Markt für M&A-Transaktionen unterscheidet sich aber bzgl. einiger Charakteristika erheblich von einem in den ökonomischen Lehrbüchern beschriebenen vollkommenen Markt. Dies hat bedeutenden Einfluss auf die Transparenz und den Preisfindungsprozess.

So handelt es sich auf dem Markt für Unternehmen (oder auch nur Anteilen daran) bei den betrachteten Objekten nicht um homogene, sondern äußerst heterogene Güter. Denn jedes Unternehmen stellt ein Unikat dar - nicht zuletzt auf Grund des darin vorhandenen Humankapitals. Weiterhin liegt keine vollständige Konkurrenz vor und insbesondere bei großen Transaktionen muss mit verschiedenen Einflussnahmen gerechnet werden. Diese können sowohl in kartellrechtlichen Bedenken (z.B. bei der Übernahme von Ruhrgas durch E.ON) als auch in der öffentlichen bzw. politischen Diskussion (Siemens/Alstom bzw. Sanofi-Synthélabo/Aventis) begründet sein. Dabei werden häufig negative Einzelaspekte hervorgehoben, aber es wird vergessen, „dass viele dieser Transaktionen z.B. durch Synergien wirtschaftlichen Nutzen stiften und darüber hinaus ein wichtiger Bestandteil des Schumpeterschen Prozesses der schöpferischen Zerstörung sind."[3]

Doch auch kleinere Übernahmen, bei denen obige Einflüsse keine Rolle spielen, scheitern allzu häufig, obwohl der erwogene Zusammenschluss für alle Beteiligten wirtschaftlich sinnvoll wäre. Der Grund dafür ist meist trivial: Käufer und Verkäufer können sich nicht auf einen einvernehmlichen Transaktionspreis einigen. Dies ist in der Regel auf die unterschiedlichen Zukunftserwartungen der beiden Parteien zurückzuführen. Während des Prozesses der Kaufpreisfindung kommt es sozusagen

---

1 Siehe *Guinomet, P.* (2003), S. 25.
2 Siehe *Guinomet, P.* (2003), S. 25.
3 *Ragotzky, S. (*2003), S. V.

zum Aufeinandertreffen von „seller's rosy forecast and [...] buyer's healthy skepticism."[4]

Die höheren Kaufpreisvorstellungen des Verkäufers basieren in der Regel auf einer optimistischeren Zukunftseinschätzung. Beispielsweise ist er von der erfolgreichen Markteinführung eines neuen Produktes überzeugt, wohingegen der Käufer sich lieber an vorliegenden Daten orientiert als an den Vorhersagen des Verkäufers. Außerdem ist der Verkäufer im mittelständischen Bereich oftmals zugleich Gründer des Unternehmens. Somit tendiert er zu einer emotional beeinflussten Bewertung. Schließlich handelt es sich um sein Lebenswerk und der Erlös daraus bildet seine persönliche finanzielle Absicherung im Alter. Für derartige ideelle Werte ist der Käufer nicht bereit, zu bezahlen.[5] Für ihn zählen in erster Linie die zukünftig zu erwartenden Zahlungsströme des Unternehmens. Diese hängen zum einen von der Finanzierung des Kaufpreises und zum anderen von der zukünftigen Entwicklung des Unternehmens ab. Letztere unterliegt zahlreichen internen und externen Risiken, die nur schwer identifizierbar oder gar bewertbar sind. Im internationalen Umfeld nehmen derartige Unsicherheiten durch rechtliche, rechnungslegungstechnische und politische Unterschiede aber auch durch unterschiedliches Geschäftsgebaren noch größere Dimensionen an.[6] Diesem Umstand trägt der Käufer durch einen entsprechenden risikobedingten Preisabschlag Rechnung, der für ihn die Gefahr des Überzahlens (overpayment) verringert.

Somit entsteht zwischen dem für den Verkäufer gerade noch akzeptablen Transaktionspreis und der maximalen Zahlungsbereitschaft des Käufers eine Spanne (price gap), die es zu überwinden gilt. Im Gegenteil zu liquiden Kapitalmärkten, wie zum Beispiel im Börsenhandel für die sogenannten Blue Chips, kann dieser Spread durchaus 100% und mehr betragen. Daher sieht *White* in der Überbrückung des price gaps die wohl schwierigste Herausforderung im Rahmen einer M&A-Transaktion.[7]

---

4 *Goldsmith, J. D.* (2002), S. 1.
5 Siehe *Jaeger, A.* (2002), S. 22 sowie *Keller, M.* (2003), S. 96.
6 Siehe auch *Griffith, V.* (1990), S. 40.
7 *White, D. J.* (2003), S. 7.

An dieser Stelle, „when price negotiations hit a stone wall, the earnout may be a good way to settle differences.“[8] Auch *Hecht* stellt bereits 1967 fest, dass ohne dieses Instrument eine Vielzahl geplanter Transaktionen scheitern würde.[9]

Die Idee einer Earnout-Konstruktion ist einfach. Der dabei vereinbarte Kaufpreis besteht aus zwei Komponenten. Zum Zeitpunkt der Vertragsunterzeichnung ist nur ein Teil des Kaufpreises genau festgelegt und umgehend fällig. Der zweite Teil ist abhängig von der zukünftigen Entwicklung des verkauften Unternehmens (Target), meist festgemacht an einer Erfolgskennzahl wie z.B. Gewinn oder Cashflow. Dadurch erhält ein mittels Earnout abgewickelter Kauf eine Art Wettcharakter, denn der endgültige Preis steht erst nach Ablauf der Earnout-Periode fest. Allerdings gibt es bei dieser „Wette“ nicht zwangsläufig einen Sieger und einen Verlierer. Im Gegenteil, im Idealfall soll sich eine sogenannte Win/Win Situation einstellen[10], allerdings sidn auch Konstellationen dankbar, bei denen es am Ende nur Verlierer gibt.

Diesen schmalen Grat zwischen eleganter Lösung und zugleich schwieriger Konstruktion, die das Potential für gewichtige zukünftige Spannungen in sich birgt, charakterisiert *Wilkinson* wie folgt: „Earnouts are fascinating beasts, but they should be approached with caution.“[11] Welche Parameter für einen erfolgreichen Earnout verantwortlich sind, welche Chancen ein solches Modell bietet und welche Schwierigkeiten bei seiner Ausgestaltung und Durchführung auftreten können, soll in diesem Buch eingehend beleuchtet werden. Auf eine rechnungslegungs- und steuerrechtliche Betrachtung des Earnout-Ansatzes wird allerdings verzichtet, da in diesen Bereichen zahlreiche oft nationale Einzelregelungen zu beachten sind, die sich aber nur sehr selten als Motiv zur Anwendung von Earnout-Klauseln herausstellen.[12]

1.2 Gegenstand dieser Studie

Zunächst wird in Kapitel 2 ein kurzer Überblick über einige kritische Punkte aus dem Bereich der Fusionen und Übernahmen gegeben. Dabei liegt ein besonderes Augenmerk auf den Problemen, die durch den Einsatz von Earnout-Klauseln eliminiert oder zumindest mitigiert werden können.

---

8 *Sherman S.J./ Janatka, D.A.* (1992), S. 26.
9 *Hecht, C. J.* (1967), S. 2.
10 Vgl. *Schulz, S.* (2004), S. 42.
11 *Wilkinson, M. D.* (2001).
12 Siehe dazu *Datar, S./Frankel, R./Woflson, M.* (2001), S. 208.

Im darauffolgenden Kapitel werden die Grundlagen der Earnout-Methode und ihre zahlreichen Ausgestaltungsmöglichkeiten vorgestellt.

Kapitel 4 erläutert inwieweit der Einsatz von Earnout-Klauseln sowohl für den Käufer als auch für den Verkäufer eines Unternehmens zusätzlichen Nutzen schaffen kann.

Das anschließende Kapitel stellt diesen Funktionen der Earnout-Methode die damit verbundenen Schwierigkeiten gegenüber. Diese können sich sowohl im Laufe der Vertragsverhandlungen als auch erst nach Vertragsabschluss, also während der Laufzeit des Earnouts zeigen.

In Kapitel 6 wird die wissenschaftliche Fundierung für dieses in der Praxis entwickelte Instrument beleuchtet, ehe im anschließenden Kapitel eine kritische Beurteilung der Earnout-Methode folgt. Darin werden die Vor- und Nachteile dieses Instruments sowohl aus Käufer- als auch aus Verkäufersicht abgewogen.

Kapitel 8 befasst sich mit den Ergebnissen aus der empirischen Forschung, die zum einen versucht, die bevorzugten Anwendungsgebiete für Earnout-Konstruktionen zu ermitteln. Zum anderen wird dabei untersucht, welche Reaktionen am Kapitalmarkt zu beobachten sind, wenn Transaktionen angekündigt werden, bei denen ein Earnout zur Anwendung kommt.

Das abschließende Kapitel zieht zunächst Parallelen zwischen Finanzoptionen und dem Earnout-Modell und stellt unter Anwendung der Monte-Carlo-Simulation eine Möglichkeit zur Bewertung von Earnouts vor.

2 Herausforderungen der Unternehmensbewertung

2.1 Das Problem der Informationsasymmetrie

Auf einem streng effizienten Markt verfügen alle Teilnehmer über die gleichen Informationen. Da die mikroökonomische Theorie von rationalen Marktteilnehmern ausgeht, führt ein gleicher Informationsgrad zu gleichen Erwartungen und damit zu einem gleichgewichtigen, den Markt räumenden Preis für homogene Güter. Da allerdings auf dem Markt für Unternehmen nicht von homogenen Gütern gesprochen werden kann, unterliegt der Kaufpreis häufig dem Einfluss der Akteure und ist nicht zwangsläufig der Gleichgewichtspunkt von Angebot und Nachfrage.[13]

Damit fällt dem Informationsstand über ein Unternehmen die entscheidende Rolle bei der Bewertung zu. Und hier liegt der Ausgangspunkt für oft langwierige Kaufpreisverhandlungen: Verkäufer und möglicher Käufer verfügen nicht über die gleichen Informationen bzgl. des Unternehmens, es herrscht eine sogenannte Informationsasymmetrie.

Der Informationsvorsprung des Verkäufers erstreckt sich dabei auf alle relevanten Unternehmensbereiche.[14] Durch sein jahrelanges Engagement im Unternehmen besitzt er sozusagen privates „Insiderwissen", welches großen Einfluss auf die Zukunftsaussichten und damit den Wert des Unternehmens hat, einem externen Dritten aber verwehrt bliebt.

Teilweise lassen sich diese Kenntnisse durch intensive Recherchen auch für Dritte zugänglich machen – für Branchenfremde allerdings oft nur in Verbindung mit einem erheblichen zeitlichen und finanziellen Aufwand. Zu diesem Bereich gehören insbesondere Informationen über den Markt auf dem das Unternehmen tätig ist. Dabei gilt es, sich ein Bild über die Konkurrenzsituation, die Lieferanten und deren Zuverlässigkeit sowie über potentielle Kunden zu machen, um zukünftige Absatzmöglichkeiten und realisierbare Margen abschätzen zu können.

Ein Großteil dieses Wissens ist einem Outsider, zumindest auf legalem Wege, überhaupt nicht zugänglich. So kennt der Verkäufer die Stärken und Schwächen

---

[13] Nach *Ernst, D./Thümmel, R. C.* (2002), S. 627.
[14] Vgl. dazu *Lacher, J./Poppe, H.* (1988), S. 1762.

seiner Mitarbeiter.[15] Er erhielt während seiner Tätigkeit sowohl in deren fachliche als auch soziale Fähigkeiten Einblick. Insbesondere hinsichtlich eventueller Cliquenbildung innerhalb der Belegschaft, Zuverlässigkeit und Loyalität der einzelnen Mitarbeiter gegenüber der Unternehmensführung oder deren Führungserfahrung besitzt der Verkäufer wichtige Kenntnisse. Doch die Beziehung zum Personal ist bei Weitem nicht die Einzige, welche für den zukünftigen Geschäftserfolg entscheidend ist. Auch die Kontakte zu Kunden und Lieferanten und insbesondere deren Struktur sind hochinteressant. Eine geringe Anzahl an gewichtigen Kunden oder Lieferanten räumt diesen eine erhebliche Verhandlungsmacht ein.

Auch über die Produktpalette des Unternehmens herrscht Informationsasymmetrie.[16] Der Verkäufer weiß genau, in welcher Phase des Produktlebenszyklusses sich seine umsatzstärksten Produkte (blockbuster) befinden bzw. wie lange hoffnungsvolle Produkte aus der Entwicklungspipeline, sofern es diese überhaupt gibt, noch bis zur Marktreife brauchen.

Zudem kennt der Verkäufer die Risiken eventuell drohender Rechtsstreitigkeiten und verfügt über Erfahrungswerte hinsichtlich Haftung für seine Produkte.

Auch über den Zustand der im Produktions- bzw. Dienstleistungsprozess eingesetzten Vermögenswerte hat der Verkäufer ein genaues Bild. Aufschlussreich in diesem Zusammenhang sind z.B. Kenntnisse über eventuell drohende bau- oder umwelttechnische Auflagen, die eine erforderliche Ausweitung der Lagerhallen verbieten. Auch das Verhältnis zu Grundstücksnachbarn und den zuständigen Behörden ist von Interesse.

Nicht zuletzt finden auch die Beziehungen zu den Kapitalgebern Beachtung. Beruhen die günstigen Kreditkonditionen v.a. auf persönlichen Kontakten zur Hausbank oder anderer privater Geldgeber, die ihr Engagement nach dem Eigentümerwechsel bei nächster Gelegenheit zurückfahren könnten? Gibt es unangenehme Minderheitsaktionäre?

Der Problematik der Informationsasymmetrie steht ein möglicher Käufer allerdings nicht völlig hilflos gegenüber. Kapitalmarktorientierte Unternehmen verfügen z.B. oftmals über ein externes Rating, welches Aufschluss über die wirtschaftliche Situati-

---

[15] Vgl. dazu *Lacher, J./Poppe, H.* (1988), S. 1762.
[16] So *Lacher, J./Poppe, H.* (1988), S. 1762.

on des Unternehmens gibt. Allerdings ist die prognostische Kraft dieser Ratings eher eingeschränkt. *Siegert/Landwehrmann* unterstellen dem Urteil der Ratingagenturen daher eher einen Post-Event-Bekräftigungscharakter, als dass sie ihm eine Frühwarnfunktion zuschreiben.[17] Aber schließlich ist auch der Verkäufer an einem erfolgreichen Abschluss interessiert und bereit, private Informationen preiszugeben. Jedoch birgt diese Bereitschaft im vorvertraglichen Stadium ein immenses Risiko für den Verkäufer in sich, denn er läuft Gefahr, dass die Transaktion nicht zustande kommt. Die preisgegebenen Informationen könnten dann vom ehemaligen Kaufinteressenten, der womöglich auch noch Konkurrent ist, zum Nachteil des Verkäufers ausgenutzt werden. Dieses Problem kann angesichts der Tatsache, dass immaterielle Werte sowie internes Know-how oft einen bedeutenden Anteil am Unternehmenswert bilden, gar nicht überschätzt werden.[18]

Um dem Käufer aber trotz dieser Problematik einen tieferen Einblick zu ermöglichen, anhand dessen er sich beispielsweise über mögliche Synergieeffekte ein Bild machen kann, wird, nachdem bereits eine gewisse Annäherung der Vertragsparteien stattgefunden hat, eine Absichtserklärung, der sogenannte *letter of intent* unterzeichnet. In einer derartigen Vertraulichkeitsabsprache verpflichtet sich der Käufer zur Leistung eines Schadensersatzes, sofern er vertrauliche Informationen ausnutzt. Die Vertragsstrafe sollte dabei aus einem abschreckend hohen Betrag bestehen, da sonst die Gefahr besteht, dass der potentielle Käufer die Zahlung der Strafe bereits einkalkuliert.[19]

Nach Unterzeichnung der Absichtserklärung wird dem Käufer im Rahmen einer Due Diligence die Möglichkeit gegeben, das Zielunternehmen zu durchleuchten. Ziel dabei ist es, im Vorfeld einer Transaktion die wesentlichen Einflussfaktoren für die zukünftige Entwicklung des Unternehmens zu analysieren. Dafür öffnet der Verkäufer sozusagen seine Türen und gewährt dem Käufer bzw. den von ihm beauftragten Personen Einblick in seine Bücher. Während der Due Diligence werden insbesondere werttreibende Faktoren, drohende Risiken und die Chancen auf eine erfolgreiche Integration des Targets analysiert. Die im Abschlussbericht enthaltenen Erkenntnisse sind bewertungsrelevant und haben daher erheblichen Einfluss auf den Kaufpreis.[20]

---

[17] Ähnlich *Siegert, T./Landwehrmann, S.* (2004), S. 42.
[18] Vgl. dazu *Haselmann, D. R.* (2003), S. 135 und *Schrietzer, H.* (2002), S. 4.
[19] Siehe *Haselmann, D. R.* (2003), S. 136.
[20] Ähnlich *Kast, D./Herrmann, K.* (2004), S. 607f.

Daher ist es nicht unüblich, dass der Verkäufer, sozusagen als Generalprobe, zunächst selbst eine Due Diligence in Auftrag gibt, um eventuelle Schwächen des Unternehmens aufzudecken und bei Bedarf auszumerzen.

Doch auch nach einer abgeschlossenen Due Diligence bleibt ein Teil der Informationsasymmetrie bestehen, da sich schließlich nicht alle oben erwähnten relevanten Informationen aufdecken lassen. Zudem wird es nicht im Interesse des Verkäufers liegen, „den Käufer über alle Risiken („Leichen im Keller") aufzuklären."[21] Nach dieser Phase der Informationsbeschaffung und –analyse folgt nun eine erste Bewertung des Unternehmens. Die gängigsten Vorgehensweisen dabei sollen im folgenden Abschnitt kurz vorgestellt werden.

2.2 Methodik der Unternehmensbewertung

2.2.1 Verfahren der Unternehmensbewertung

Zu den Vorbereitungen der Transaktionsverhandlungen gehört es, das Zielunternehmen zu bewerten. Auch wenn der dabei ermittelte Unternehmenswert nur Orientierungscharakter hat, dient er beim späteren Prozess der Preisfindung als wichtige Verhandlungsgrundlage.[22] Zudem steht er meist unter dem Einfluss der individuellen Zielsetzung des Käufers *(siehe Abschnitt 2.2.2)*. Folglich gibt es keinen *objektiv richtigen* Preis[23] und somit auch keine objektiv richtige Methode[24], sondern eine Vielzahl von Bewertungsmöglichkeiten, die zudem noch miteinander kombiniert werden können. So kommt *Großfeld* sogar zu dem Schluss: „Soviel Sachverständige – soviel Werte."[25] Die gebräuchlichsten Ansätze sollen nun kurz skizziert werden.

- *Marktorientierte Verfahren (Multiplikatormethoden)*

Diese sind besonders einfach, wenn das Zielunternehmen börsennotiert ist. Dann ist anhand der Marktkapitalisierung (=Anzahl der Aktien multipliziert mit dem aktuellen Aktienkurs), die aktuelle Bewertung am Kapitalmarkt ablesbar. Auch kapitalmarkttheoretische Modelle wie das CAPM oder das MCPM™, die häufig Unternehmenswerte

[21] Vgl. dazu *Brandl, N.* (2004), S. 628.
[22] Siehe hierzu *Meuli, M.* (1996), S. 941.
[23] So z.B. *Meerkatt, H./Roos, A./Wieland, A.* (2004), S. 19 und *Morrison, D.L.* (1992), S. 36.
[24] Siehe *Lacher J./Poppe H.* (1988), S. 1761.
[25] *Großfeld, B.* (1983), S. 8.

ermitteln, die deutlich von der aktuellen Marktkapitalisierung abweichen[26], erfordern eine Börsennotierung. Diese ist insbesondere bei mittelständischen Firmen allerdings selten gegeben.

Behelfsweise kann aber eine relative Bewertung zu ähnlichen Unternehmen durchgeführt werden. Dafür werden zunächst vergleichbare, börsennotierte Gesellschaften gesucht. Dann werden für diese Unternehmen Bewertungsrelationen wie das KGV, KCV oder Kurs/Umsatz-Verhältnis berechnet und als Multiplikatoren für die entsprechenden Kennzahlen des zu bewertenden Unternehmens verwendet. Bei der Auswahl der Vergleichsunternehmen sollte aber darauf geachtet werden, dass bzgl. bestimmter Charakteristika weitgehende Übereinstimmung herrscht. *Meerkatt/Roos/Wieland* heben dabei die Bedeutung folgender Kriterien hervor: Geschäftsfeldprofil, Lebenszyklusphase, Marktposition, Branchencharakteristika sowie Ertrags- und Risikoprofil und fordern zudem eine hinreichende Informationsbreite und –qualität der Vergleichwerte. Alternativ regen sie an, auf Bewertungsrelationen eines Branchendurchschnitts zurückzugreifen.[27]

Auf die Bedingung Börsenbewertung kann auch verzichtet werden, wenn in letzter Zeit Transaktionen ähnlicher Unternehmen durchgeführt wurden. Dann können oben erwähnte Bewertungsrelationen auf Basis des dabei vereinbarten Kaufpreises ermittelt werden. Allgemein gilt aber für die vom Markt hergeleitenden Bewertungen, dass es schwierig ist, passende Vergleichsobjekte zu finden. Besonders im internationalen Kontext unterscheiden sich Entwicklungsstand und Verfassung der Kapitalmärkte, Rechnungslegungsvorschriften, steuerliche Aspekte und rechtliche Rahmenbedingungen erheblich.[28]

- *Das Liquidationswertverfahren*

Bei diesem Ansatz wird die Annahme der Fortführung der Unternehmenstätigkeit (going concern) fallengelassen. Es wird daher ermittelt, welche Erlöse beim Einzelverkauf der Vermögenswerte erzielt werden könnten. Es kann auch ein Wert für den Kundenstamm angesetzt werden, wenn davon ausgegangen werden kann, dass es Interessenten für den Kauf der Adressenliste geben wird.[29]

---

26 Vgl. die Untersuchung für den deutschen Aktienmarkt von *Uzik, M./Weiser, M.F.* (2003).
27 Siehe dazu *Meerkatt, H./Roos, A./Wieland, A.* (2004), S. 22.
28 Vgl. *Meerkatt, H./Roos, A./Wieland, A.* (2004), S. 22.
29 So *Lochmann, D.* (2003), S. *52f.*

Dieses Einzelbewertungsverfahren kam beispielsweise bei den Zerschlagungsstrategien der sogenannten *Corporate Raiders* in den 80er Jahren in den USA zur Anwendung. Ziel dabei war es, das Unternehmen in seine unterbewerteten Vermögensgegenstände zu zerlegen und diese einzeln zu höheren Preisen zu verkaufen.[30] Im Normalfall stellt daher der Liquidationswert den absoluten Mindestwert dar, unterhalb dessen kein Unternehmer seinen Betrieb verkaufen wird.

- *Das Substanzwertverfahren*

Bei der Anwendung dieses Verfahrens werden die Kosten ermittelt, die anfallen würden, um ein identisches Unternehmen sozusagen „auf der grünen Wiese“ nachzubauen. Folglich werden für die betriebsnotwendigen Vermögenswerte nicht die Anschaffungs- oder Herstellungskosten angesetzt, sondern die Wiederbeschaffungs- oder Reproduktionskosten. Allerdings stellt die objektive Bewertung immaterieller Gegenstände wie Kundenstamm, Produktionsgeheimnisse und Qualitätsimage der Produkte bei diesem Verfahren ein Problem dar.[31] Daher bietet sich dieses nicht auf den Zukunftserfolg ausgerichtete Verfahren am ehesten für kapitalintensive Unternehmen an, bei denen der Goodwill außer Acht gelassen werden kann.

- *Ertragsorientierte Verfahren*

Unter diesen Oberbegriff fallen sowohl das Ertragswertverfahren als auch das Discounted-Cashflow-Verfahren (kurz: DCF-Verfahren). Während Ersteres auf die zukünftig erwarteten Gewinne des Unternehmens abstellt, zielt die DCF-Methode auf die in der Zukunft erzielbaren Cashflows ab. Die grundsätzliche Idee der beiden Methoden ist die gleiche: Berechnung des Barwertes der zukünftigen, geschätzten Gewinne/Cashflows, durch Diskontierung mit einem risikoadjustierten Zinssatz. Die Summe dieser so ermittelten Barwerte, wobei der über den Prognosehorizont hinausgehende Restwert in der Regel als ewige Rente modelliert wird, ergibt den Wert des Unternehmens. Da bei M&A-Transaktionen das DCF-Verfahren bevorzugt wird,[32] konzentrieren sich die folgenden Ausführungen auf diesen Bewertungsansatz.

Für diese Methode muss zunächst der Cashflow auf Basis des zukünftig erwarteten Jahresergebnisses ermittelt werden. Das Berechnungsschema sieht dabei folgendermaßen aus:

---

30 Ähnlich *Meerkatt, H./Roos, A./Wieland, A.* (2004), S. 20.
31 So *Lochmann, D.* (2003*), S. 53.*
32 Siehe *Althus, K./Binder, P. M.* (1998), S. 45.

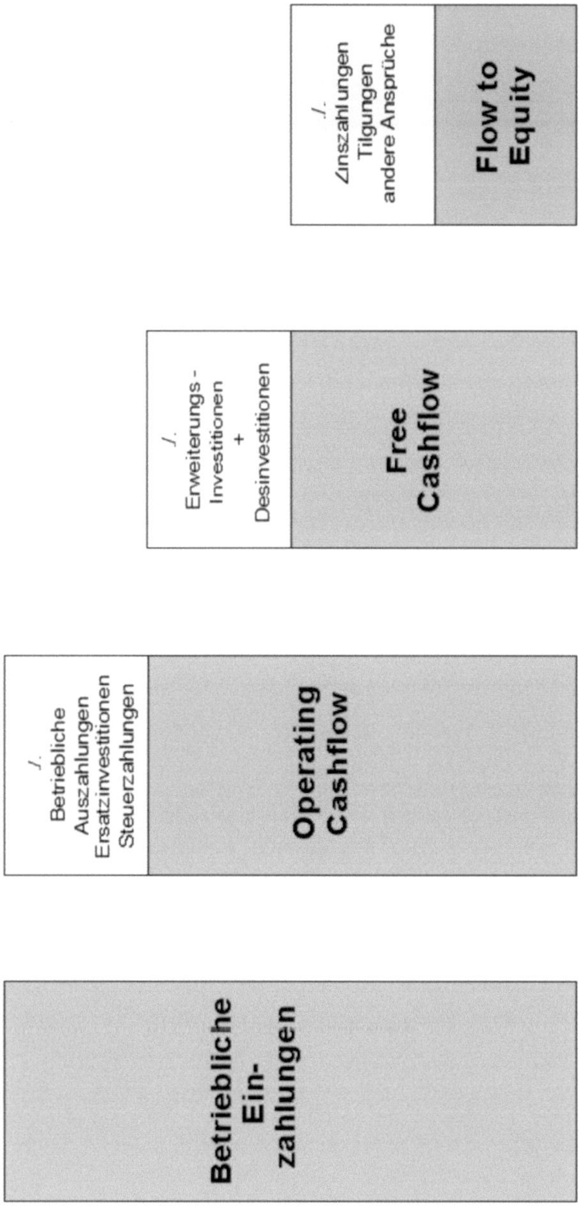

Abb. 1: Cashflow-Begriffe

(in Anlehnung an Betsch, O./Groh, A. P./Lohmann, L. G. (2000), S. 214)

Um von dem so ermittelten Cashflow auf den Unternehmenswert zu kommen, gibt es drei verschiedene DCF-Verfahren, die sich durch die gewählte Cashflowdefinition und hinsichtlich des Kapitalisierungszinssatzes unterscheiden. Die Verfahren können daher zu durchaus unterschiedlichen Ergebnissen führen.

Die gängigste Methode ist das Entity-Verfahren. Es bedient sich der dem Unternehmen zukünftig entziehbaren Zahlungsströme, den sogenannten Free Cashflows[33]. Zur Diskontierung wird der im Unternehmen tatsächlich realisierte, gemäß Eigenkapital und Fremdkapital zu Marktwerten gewichtete Kapitalkostensatz („Weighted Average Cost of Capital“ – kurz WACC) herangezogen. Vom so ermittelten Wert des Unternehmensgesamtwertes wird dann der Wert des Fremdkapitals abgezogen, um den Wert des Eigenkapitals zu erhalten. Dieser Ansatz ist auch unter der Bezeichnung WACC- oder Brutto-Methode bekannt.

Bei der Equity-Methode (auch bekannt als Netto-Methode) wird dagegen nicht der Weg über das Unternehmensgesamtkapital genommen, sondern der Wert des Eigenkapitals direkt bestimmt. Dabei wird der dem Eigentümer zustehende Cashflow (= Flow to Equity), mit dem Zinssatz für das Eigenkapital diskontiert.

Der dritte Ansatz ist in der Literatur unter APV-Methode zu finden (APV steht für Adjusted Present Value). Dabei wird der Unternehmenswert komponentenweise ermittelt. Zunächst wird eine komplette Eigenfinanzierung unterstellt und der unter dieser Annahme ermittelte, entziehbare Cashflow mit dem Eigenkapitalszinssatz diskontiert. Bis zu dieser Stelle folgt die APV-Methode dem Modigliani/Miller-Theorem[34], welches postuliert, dass der Unternehmenswert unabhängig von der Unternehmensfinanzierung ist. Im Anschluss werden die Kosten der tatsächlichen Finanzierungsstruktur bestimmt. Bei diesem Schritt ist zu beachten, dass die Fremdkapitalzinsen steuerlich als Aufwand geltend gemacht werden können. Die Summe dieser beiden Werte muss dann nur noch um den Wert des Fremdkapitals gekürzt werden und man erhält den Wert des Eigenkapitals. Da allerdings die im zweiten Schritt zu berücksichtigenden steuerlichen Aspekte schwer quantifizierbar sind, wird dieses Verfahren in der Praxis selten angewandt.[35]

---

33 Der Free Cashflow wird auch als *Flow to Entity* bezeichnet, vgl. *Betsch, O./Groh, A. P./Lohmann, L. H.* (2000), S. 304.

34 Vgl. *Modigliani, F./Miller, M. H.* (1958), S. 261-297.

35 Siehe dazu *Lochmann, D.* (2003), S. 60f.

Folgende Darstellung gibt nochmals einen Überblick über die drei beschriebenen DCF-Methoden:

DCF-Methoden

Entity-Methode	**APV-Methode**	**Equity-Methode**
1. Schritt: Ermittlung des Unternehmensgesamtwertes EV • Ermittlung des entziehbaren Cashflows des Unternehmens bei fingierter Eigenfinanzierung • Diskontierung mit i.d.R. konstanten durchschnittlichen gewogenen Kapitalkosten (WACC) 2. Schritt: Ermittlung des Wertes des Eigenkapitals, indem V um den Wert des Fremdkapitals reduziert wird.	Komponentenweise Ermittlung des Unternehmensgesamtwertes EV 1. Schritt: • Ermittlung des entziehbaren Cashflows des Unternehmens bei fingierter Eigenfinanzierung • Diskontierung mit den Kosten des Eigenkapitals bei vollständiger Eigenfinanzierung 2. Schritt: Ermittlung der Vor- bzw. Nachteile aus der realisierten Kapitalstruktur bzw. aus Innenfinanzierungseffekten Ergebnis aus 1. + 2. ergibt den Unternehmensgesamtwert V 3. Schritt: Ermittlung des Wertes des Eigenkapitals, indem V um den Wert des Fremdkapitals und eventueller Pensionszusagen reduziert wird.	1. Schritt: Ermittlung des Wertes des Eigenkapitals • Ermittlung des entziehbaren *den Eigentümern zustehenden* Cashflows unter Beachtung der vom Unternehmen realisierten Kapitalstruktur (Fremdkapital, Pensionsrückstellungen etc.) • Diskontierung mit den Kosten des Eigenkapitals unter Beachtung der gegebenen Kapitalstruktur

Abb. 2: DCF-Methoden im Überblick

(in Anlehnung an: *Drukarczyk, J.* (1998), S. 178)

Wie sich aus obigen Ausführungen erkennen lässt und wie es in Abb.3 noch einmal anschaulich dargestellt wird, ergibt sich damit für ein und dieselbe Unternehmung ein ganzes Wertespektrum. Daher ist es durchaus empfehlenswert verschiedene Methoden anzuwenden und z.B. die Ergebnisse einer DCF-Analyse anhand einer marktorientierten Bewertung zu überprüfen.[36]

[36] Vgl. *Meerkatt, H./Roos, A./Wieland, A.* (2004), S. 23.

Abb.3 Wertespektrum bei der Unternehmensbewertung
(in Anlehnung an: Meerkatt, H./Roos, A./Wieland, A. (2004), S. 21)

2.2.2 Subjektivität, Zukunftsbezogenheit und Grenzen der Unternehmensbewertung

Im obigen Abschnitt wurde bereits angedeutet, dass es keinen objektiven Unternehmenswert gibt, sondern dass jeder Wert immer einer gewissen Subjektivität unterliegt. Im Falle des Verkäufers liegt dies oft an der emotionalen Bindung gegenüber „seiner“ Firma. Daher tendiert er regelmäßig zu einer positiven Zukunftseinschätzung bzgl. des Targets. Dies liegt sicher auch daran, dass er das Unternehmen tatsächlich besser kennt und deswegen, im Gegenteil zum Käufer, einen geringeren Risikoabschlag in seiner Bewertung vornimmt. Dies kann sich sowohl auf die ganze Unternehmung beziehen als auch nur auf einzelne Vermögenswerte. Ersteres ist z.B. der Fall, wenn sich der Betrieb gerade in der Entwicklungsphase (development stage) oder im Turnaround befindet bzw. kurz vor der Markteinführung wichtiger Produkte steht, deren Erfolgsaussichten schwierig einzuschätzen sind. Bei den Vermögenswerten betrifft dies insbesondere die sogenannten intangible assets. Diese repräsentieren mittlerweile häufig einen bedeutenden Anteil am Gesamtwert einer Unternehmung.[37]

Auch seitens des Käufers gibt es zahlreiche Einflüsse, die eine subjektive Bewertung hervorrufen. So wirkt beispielsweise die Zielsetzung, mit der er an das Target herantritt, auf die Bewertung ein. Ein renditeorientierter Finanzinvestor achtet eher auf die kurz- und mittelfristigen Wertsteigerungs- und anschließenden Exitmöglichkeiten. Ein strategisch orientierter Erwerber wird sein Augenmerk v.a. auf langfristige Wertsteigerungspotentiale und nutzbare Synergieeffekte richten.[38] In diesem Zusammenhang sind zwei Preisabschläge zu erwähnen, die in der Praxis jeweils bis zu je 25% ausmachen können. Der „marketability discount“ trägt dem Umstand Rechnung, dass ein kleineres Unternehmen im Falle des Wiederverkaufs schwieriger am Markt zu platzieren ist. Ein „minority discount“ ist oft beobachtbar, wenn nur Minderheitsanteile verkauft werden.[39]

Auch die Marktposition des Käufers spielt eine Rolle. Handelt es sich dabei um ein Unternehmen, welches auf seinem Markt eine dominierende Stellung innehält, hat es in der Regel auch bessere Möglichkeiten mit dem Produkt des Zielunternehmens schnell einen beachtlichen Marktanteil zu erreichen. Dadurch lässt sich Umsatz und Gewinn des Targets kräftig steigern. Ein kleines Unternehmen, welches durch den Kauf lediglich den Eintritt auf einen neuen Markt plant, ist u.U. auf die dort herrschenden Marktkräfte nicht genügend vorbereitet und hat Schwierigkeiten, sich einen angemessenen Marktanteil zu sichern.[40]

Ein cleverer Verkäufer wird daher nicht nur den Wert des Unternehmens in seinen Händen bestimmen, sondern wird immer berücksichtigen, was das Unternehmen in den Händen des Käufers wert sein kann.[41]

Am Ende dieses Kapitels lässt sich somit festhalten, dass die Unternehmensbewertung ein zentraler Schritt im Rahmen einer M&A-Transaktion darstellt. Sie liefert für die Verkaufsverhandlungen und den Preisfindungsprozess wichtige Anhaltspunkte – aber auch nicht mehr. Sie unterliegt stets der subjektiven Betrachtungsweise des Bewertenden und kann verständlicherweise bestehende Risiken nur näherungsweise

---

[37] Siehe dazu *Harris, R. (2002)* und *Schulz, S. (*2004), S. 42.
[38] Ähnlich *Meerkatt, H./Roos, A./Wieland, A.* (2004), S. 19.
[39] Siehe hierzu *Morrison, D.L.* (1992), S. 37.
[40] Vgl. zu diesen Überlegungen *Boyce, G. H./Hewitt, S. (*1998), S. 5.
[41] Nach *Boyce, G. H./Hewitt, S. (*1998), S. 5.

auf Basis vorhandener Informationen berücksichtigen. Für den Investor bleibt das Problem bestehen, dass sich für ihn der Unternehmenswert aus den zukünftigen diskontierten Rückflüssen herleitet. Sowohl diese Rückflüsse als auch der Diskontierungszinssatz, der versucht, das unternehmensspezifische Risiko zu berücksichtigen, unterliegen dabei einer erheblichen Unsicherheit. So führen auch nur leicht divergierende Einschätzungen über die zukünftige Geschäftsentwicklung bereits zu deutlichen Differenzen im Unternehmenswert.

Dies soll im folgenden Beispiel verdeutlicht werden und gleichzeitig die „Spielwiese" für Earnout-Konstruktionen abstecken.[42]

Beispiel 1:

Normalfall:

Käufer K ist sich sicher, dass das Unternehmen U, dank realisierbarer Synergieeffekte im „worst case" mindestens € 7 Mio. wert ist. Bei besonders günstiger Entwicklung kann sich ex post auch ein Wert von € 9 Mio. herausstellen. Als vorsichtiger Kaufmann kann er bis € 7 Mio. auf jeden Fall bieten.

Verkäufer V kann die Synergieeffekte nicht realisieren und geht unter günstigen Umständen von einem Unternehmenswert von € 5 Mio. aus. Dafür würde er sofort verkaufen. Seiner Meinung nach könnte sich aber ex post bei ungünstiger Entwicklung ein Unternehmenswert von € 3,5 Mio. als angemessen herausstellen.

Es ergibt sich somit eine Verhandlungsspanne von € 5-7 Mio., innerhalb dieser Spanne ist ein Abschluss für beide Parteien als vorteilhaft einzuschätzen (siehe Abb. 4a).

[42] Beispiel in Anlehnung an: *Brandl, N.* (2004), S. 626f.

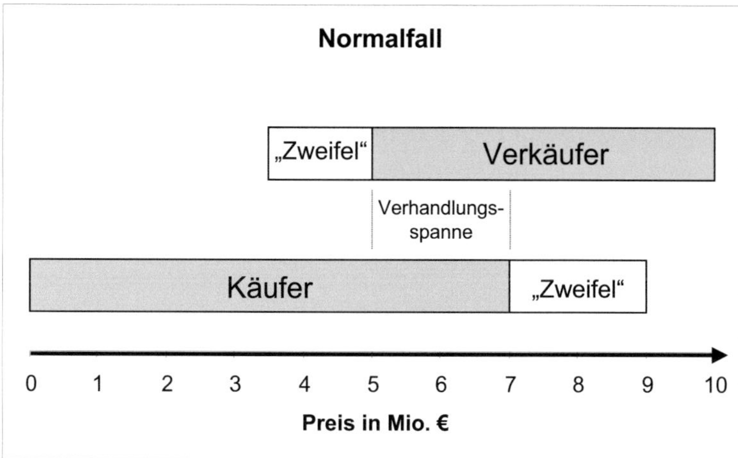

Abb. 4a: Beispiel 1 – Normalfall
(in Anlehnung an: *Brandl, N.* (2004), S. 627)

Wertlücke:

Diesmal geht K im „worst case“ nur von einem Wert von € 4,75 Mio. aus. Bei günstiger Entwicklung hält er es aber durchaus für möglich, dass sich ex post auch ein Kaufpreis von € 7,25 Mio. als vorteilhaft erweisen könnte. Er wird aber nur € 4,75 Mio. bieten. Für den darüber hinausgehenden zweifelhaften Wert ist er nicht bereit zu bezahlen.

V geht bei günstiger Entwicklung ohne Nutzung der Synergieeffekte von einem Unternehmenswert von € 6,75 Mio. aus. Im worst case könnte sich aber ex post auch nur ein Preis von € 4,5 Mio. als gerechtfertigt herausstellen.

Da K bei einem Preis von über € 4,75 Mio. und V bei einem Preis von unter € 6,75 Mio. jeweils befürchten müssen, in der ex post Betrachtung benachteiligt worden zu sein, ergibt sich für einen Barpreis kein Einigungsbereich (siehe Abb. 4b).

Trotzdem sollte mittels eines Earnouts eine Einigung möglich sein, da V sowohl im best case (V: € 6,75 Mio/K: € 7,25) als auch im worst case (V: € 4,5/K: € 4,75) jeweils mit einem niedrigeren Preis zufrieden wäre, als K bereit ist zu zahlen.

Man könnte sich daher z.B. auf einen Barpreis von € 4,5 Mio. einigen, der in Abhängigkeit der zukünftigen Entwicklung durch eine Nachbesserung ergänzt wird.

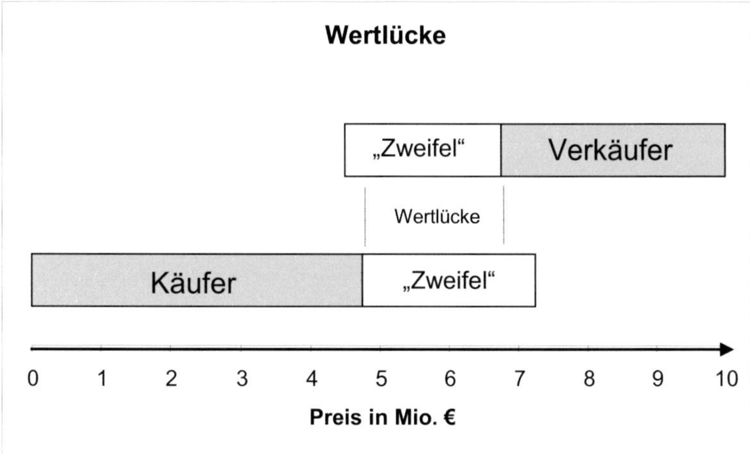

Abb. 4b: Beispiel 1 – Wertlücke
(in Anlehnung an: *Brandl, N.* (2004), S. 627)

3 Grundlagen der Earnout-Methode

In diesem Kapitel sollen nun die einzelnen Elemente der Earnout-Methode und deren Variationsmöglichkeiten näher beleuchtet werden. Für die folgenden grundlegenden Ausführungen gilt, dass sie generell unabhängig von der Akquisitionswährung, also sowohl im Falle der Barzahlung als auch bei Begleichung des Kaufpreises in Aktien, anwendbar sind. Zudem sei erwähnt, dass diese Thematik neben der Bezeichnung „Earnout“ bzw. „earn-out“ auch bisweilen unter den Überschriften „realisiertes Ertragswertverfahren“, „(Nach-) Besserungsoption“, „variabler Kaufpreis“, „deferred payment“ und „contingent payment/payout“ abgehandelt wird.

3.1 Zentrale Parameter in Earnout-Konstruktionen

3.1.1 Basispreis

Unter dem Basispreis versteht man bei Earnouts den Teil des Kaufpreises, der sofort nach Vertragsabschluss fällig wird und unabhängig von zukünftigen Ereignissen oder Entwicklungen ist. In der angelsächsischen Literatur werden hierfür oft die Begriffe „down payment“ oder „initial consideration“ verwendet.

Um die Höhe des Basispreises festzulegen, gibt es mehrere Überlegungen. Zunächst ist festzustellen, dass jede Verhandlungsseite generell daran interessiert ist, das eigene Risiko zu minimieren.[43] Dies bedeutet für den Verkäufer, dass er einen höheren Basispreis und niedrigere Earnout-Zahlungen bevorzugt und für den Käufer gilt dies genau andersherum.[44] Die Risikoabneigung des Verkäufers ist insbesondere dann gegeben, wenn der Verkaufserlös seine Altersvorsorge darstellt und er daher wenig Interesse daran hat, dass sein finanzielles Wohlergehen am Tropf der Unternehmung hängt.[45]

Als Basispreis bietet sich oft der Substanzwert der Unternehmung an, besonders, wenn man sich auf die gesicherten Informationen der Vergangenheit stützen will. Beim Substanzwert dürfte es daher in der Regel keine größeren Differenzen zwischen Käufer und Verkäufer geben. Liegt dagegen der Ertragswert beider Parteien deutlich über dem Substanzwert der Unternehmung, ist es auch möglich, sich auf

---

[43] Ähnlich Bruner, R. F. (2004), S. 617.
44 Siehe dazu Daunt, J. A./Gehr, G. v. (1996).
45 Vgl. Horlacher, *F.* (2000).

den Ertragswert als Basispreis zu einigen. Dieser höhere Basispreis würde bei gegebenen Gewinnen zu niedrigeren Earnout-Zahlungen führen, da im Basispreis bereits Gewinne berücksichtigt worden sind, die über einer normalen Verzinsung des Substanzwertes liegen.[46] Die Höhe des Basispreises hat folglich entscheidenden Einfluss auf die Höhe der zukünftigen Earnout-Zahlungen.

3.1.2 Earnout-Zahlungen

Die Earnout-Zahlungen, die auch häufig als „Zusatzpreis“ bezeichnet werden, bilden die Komponente des Kaufpreises, die von zukünftigen und damit ungewissen Entwicklungen oder Ereignissen abhängig ist. Ihre Höhe und seltener auch ihr Zahlungstermin unterliegen in der Regel der wirtschaftlichen Entwicklung des Targets. Sie können aber auch von externen Entscheidungen (z.B. über die Vergabe eines Patentes oder der Ausgang eines schwebenden juristischen Verfahrens) oder der Erreichung bestimmter, z.B. technischer Entwicklungsstufen (sogenannte „milestones“) beeinflusst werden. Zudem kann dies auch als negative Bedingung formuliert werden, d.h. ein vereinbarter Betrag wird dann fällig, wenn sich ein bestimmtes Risiko, wie z.B. die Abwanderung von Schlüsselpersonal, bis zu einem gewissen Zeitpunkt nicht bewahrheitet.[47]

Zwar ist in der überwiegenden Zahl der Fälle der Käufer der Leistende, indem er einen anfangs niedrigen Kaufpreis bei gutem Geschäftsverlauf durch die Earnout-Zahlungen erhöht, aber es ist auch eine Konstruktion mit vertauschten Rollen denkbar. Dabei wird zunächst ein hoher Kaufpreis vereinbart, welcher bei unbefriedigendem Geschäftsverlauf durch Zahlungen des Verkäufers an den Käufer nachträglich verringert wird.[48]

Anhand einer vorher genau definierten Kenngröße (siehe dazu Abschnitt 3.2), wird die Höhe der Earnout-Zahlungen ermittelt. Dabei gibt es eine Vielzahl von Ausgestaltungsmöglichkeiten, die unter Abschnitt 3.3. näher erläutert werden. Die eigentliche Zahlung kann quartalsweise, jährlich oder einmalig am Ende der Earnout-Periode erfolgen. Die Fälligkeit der Zahlungen sollte dabei im Vorhinein genau festgelegt sein. Falls sich die genaue Höhe erst nach Prüfung des Jahresabschlusses ermitteln

---

[46] Siehe *Labbé, M.* (2004), S. 118; *Meuli, H. M.* (1996a), S. 56 sowie *Meuli, H. M.* (1996b), S. 942.

[47] Vgl. dazu *Vischer, M.* (2002), S. 510.

[48] Vgl. *Brandl, N.* (2004), S. 628.

lässt, sollte eine Abschlagszahlung vereinbart werden, die spätestens fünf Monate nach Ende des Geschäftsjahres geleistet werden muss.[49]

Über die Höhe der Earnout-Zahlungen, bezogen auf den Gesamtkaufpreis, die sogenannte earnout ratio, gibt es verschiedene Ansichten. So halten einige Autoren 10-25% für eine sinnvolle Größe,[50] obwohl an anderer Stelle mit 20-70% des Kaufpreises der Earnoutanteil deutlich größer sein kann und in der Praxis auch ist.[51] So lag der Anteil der Earnout-Zahlungen am Gesamtpreis in den Jahren 1995-2002 durchschnittlich zwischen 20% und 30%,[52] aber allein im Jahr 1998 lässt sich für die earnout ratio eine Spanne von 1,7%[53] bis 83,7%[54] feststellen.[55]

Ein zu geringer Prozentsatz rechtfertigt schließlich kaum die Mühen der Earnout-Verhandlungen (siehe dazu Abschnitt 5.1) und eine direkte Kaufpreiseinigung erscheint empfehlenswert.[56] Zudem würde ein Anteil von weniger als 20% keinen ausreichenden Leistungsanreiz für das Verkäufer-Management schaffen.[57] Ein allzu hoher Anteil allerdings erhöht das Risiko des Verkäufers stark und wird daher kaum dessen Interesse wecken.[58] Auch für den Käufer besteht dann zunehmend die Gefahr, dass ein kurzfristiges Aufblähen der zugrundeliegenden Kenngröße durch das Verkäufer-Management während der Earnout-Periode die längerfristige Entwicklung des übernommenen Unternehmens nachhaltig negativ beeinflussen könnte.[59] Im Allgemeinen hängt die Höhe des Earnout-Anteils von der anfänglichen Preisdifferenz ab, also der den Basispreis übersteigende Betrag der Kaufpreisforderung des Verkäufers.[60]

Eine weitere Interpretationsmöglichkeit des Zusatzpreises findet sich bei *Meuli.* Demnach repräsentiert der Zusatzpreis die Entschädigung für den Verkäufer für den

---

[49] So *Jaeger, A.* (2002), S. 23.
[50] So zu finden bei *Gundersen, M. J.* (2002) sowie *Goldsmith, J. D.* (2002), S. 2.
[51] Siehe *Bruner, R. F.* (2001), S. 7, oder auch *Daunt, J. A./Gehr, G. v.* (1996).
[52] Datenquelle: Securities Data Corporation (SDC), M&A Datenbank, abgedruckt in *Bruner, R. F.* (2004), S. 612.
[53] Zodiac SA übernimmt MAG Aerospace Industries Inc.
[54] Southern States Cooperative kauft Groß- und Einzelhandelsgeschäft von Gold Kist Inc.
[55] Datenquelle: SDC, abgedruckt in Merger & Acquisitions, March/April 1999, S. 35f.
[56] So *Bruner, R. F.* (2001), S. 7.
[57] So *Schulz, S.* (2004), S. 43.
[58] Vgl. hierzu *Daunt, J. A./Gehr, G. v.* (1996) und *Schulz, S.* (2004), S. 43.
[59] Vgl. *Marsden, P.* (1997), S. 120.
[60] So *Bruner, R. F.* (2004), S. 617.

von ihm geschaffenen Goodwill, da dieser nicht oder nur unzureichend im Basispreis berücksichtigt ist.[61]

3.1.3 Earnout-Periode

Die dritte zentrale Komponente einer Earnout-Konstruktion ist deren Laufzeit, die sogenannte Earnout-Periode. Sie beschreibt den für die zusätzlichen Zahlungsverpflichtungen maßgeblichen Zeitraum. Nur innerhalb dieser Zeit auftretende Entwicklungen haben direkten Einfluss auf den Kaufpreis.

Dass es über die ideale Länge verschiedene Ansichten gibt, ist verständlich. Schließlich sollte jeder Earnout ganz individuell auf das Zielunternehmen und den Käufer abgestimmt sein. Generell gilt: je größer der Anteil der Earnout-Zahlungen am Kaufpreis, also die *earnout ratio,* desto länger ist in der Regel die Earnout-Periode.[62] Für diese wird meist eine Spanne von zwei bis fünf Jahren genannt, bei einer durchschnittlichen Laufzeit von drei Jahren.[63] Eine Earnout-Periode von 14 Jahren, wie sie bei der Übernahme Hughes durch Rouse 1996 vereinbart wurde, ist sicherlich die Ausnahme.[64] Denn eine zu lange Earnout-Laufzeit verhindert die vollständige Integration des Targets *(siehe Abschnitt 5.2)* und damit die Hebung von Synergieeffekten.[65] Zudem spiegelt in diesem Fall die Earnout-Zahlung eher die Qualität des Verkäufer-Managements nach Vertragsabschluss wider als den Wert des Unternehmens zum Kaufzeitpunkt.[66]

Andererseits besteht bei einer zu kurzen Laufzeit die Gefahr, dass das übernommene Unternehmen unter einem kurzfristigen Einfluss leidet (z.B. Unwetter oder kriegerischen Anschlägen), der aber keinen Einfluss auf den langfristigen Erfolg des Unternehmens haben wird.[67] Darüber hinaus tendiert das Verkäufer-Management bei einer Laufzeit von weniger als zwei Jahren dazu, sich auf die kurzfristigen Erträge zu fokussieren und längerfristige Perspektiven aus den Augen zu verlieren. Ein Erwer-

---

[61] Siehe dazu *Meuli, H. M.* (1996a), S. 57 und *Meuli, H. M.* (1996b), S. 943.

[62] Vgl. *Bruner, R. F.* (2004), S. 617.

[63] So zu finden bei *Sherman, S. J./Janatka, D. A.* (1992), S. 27 bzw. ein bis fünf Jahre bei *Bruner, R. F.* (2004), S. 617; *Daunt, J. A./Gehr, G. v.* (1996); dahingegen plädiert *Rayney, P.* (1989), S. 94 für lediglich zwei bis drei Jahre und *Gundersen, M. J.* (2002) sowie *Goldsmith, J. D.* (2002), S. 2 sogar für ein bis drei Jahre; für *Marsden, P.* (1997), S. 120 liegt das Maximum bei zwei Jahren, wohingegen *Hussey, R.* (1990), S.104 drei bis fünf Jahre vorschlägt und *Haas, G.* (1975), S. 182 und *Mulatz, R.* (2001), S. 48 sogar eine Laufzeit von bis zu sieben Jahren.

[64] Vgl. *Pitt, H. L./Glover, S. I.* (1997), S. B5.

[65] Siehe *Marsden, P.* (1997), S. 120.

[66] Vgl. *Gundersen, M. J.* (2002) und *Kruse, P./Goldberg, S. (*2002).

[67] Ähnlich *Kruse, P./Goldberg, S. (*2002).

ber-Management dagegen könnte versuchen, das Erreichen der vereinbarten Ziele bis kurz nach Ablauf der Earnout-Periode zu verschieben, um die Zahlung des Zusatzpreises zu umgehen.[68]

Neben dieser fest vereinbarten Laufzeit des Earnouts gibt es aber auch die Möglichkeit, für die Maßgröße einen Schwellenwert (Cap) zu vereinbaren. Sobald dieser erreicht wird, kommt es zur Auszahlung eines festgelegten Zusatzpreises und die Earnout-Periode ist beendet.[69] Aber auch im Falle einer fest vereinbarten Laufzeit kommt es häufig zu einer vorzeitigen Beendigung eines mühevoll ausgehandelten Earnouts. Dabei wird nach Bezahlung eines Schlussbetrages auf sämtliche gegenseitigen Ansprüche verzichtet.[70] *Janich* beziffert diese Abbruchquote für England auf 60 bis 70 Prozent.[71]

3.2 Alternativen bei der Wahl der Kenngrößen

Die Auswahl an Kenngrößen, an welche die Earnout-Zahlungen gekoppelt werden können, ist nahezu unbegrenzt. Zwei Grundsätze sollten dabei allerdings berücksichtigt werden. Die zugrundeliegende Zielgröße sollte klar definiert sein, ihr Wert leicht ermittelbar, ihre Erreichbarkeit sollte realistisch und ihre Ermittlung für beide Seiten transparent sein.[72] Darüber hinaus sollte die gewählte Kenngröße einen entscheidenden Parameter des Unternehmenswerts darstellen und ihre Maximierung für Käufer wie auch Verkäufer gleichermaßen interessant sein.[73] So wäre beispielsweise die Wahl einer Ertragsgröße bei einem stark expandierenden Unternehmen für den Altgesellschafter ungeeignet, da in naher Zukunft zunächst noch größere Investitionen in Personal und Anlagevermögen von Nöten sind, die zumindest kurzfristig gewinnmindernd wirken.[74]

Es lässt sich feststellen, dass Verkäufer in der Regel eine Umsatz-Basierung der Earnout-Zahlungen vorziehen, wohingegen Erwerber meist die Kopplung an eine Gewinngröße bevorzugen.[75] Warum dies so ist, soll in den folgenden zwei Abschnitten näher erläutert werden.

---

68 Vgl. dazu *Schulz, S.* (2004), S. 43.
69 Siehe dazu *Wilkinson, M. D.* (2001).
70 Vgl. *Hempstead, J. E.* (2000), S. 109 sowie *Reed, S. F./Lajoux, A. R.* (1999), S. 118f.
71 Siehe *Janich, J.* (1992), S. 3.
72 Vgl. dazu *Bruner, R. F.* (2004), S. 618 sowie *Daunt, J. A./Gehr, G. v.* (1996).
73 Siehe *Reum, W. R./Steele, T. A.* (1970), S. 85.
74 Ähnlich *Jaeger, A.* (2002), S. 22.
75 So beispielsweise *Del Roccili, J. A./Fuhr, J. P.* (2001), S. 90; *Gennari, L. H.* (o.J.); *Krendl, J. R.* (2000), S. 59; *Kruse, P./Goldberg, S.* (2002); *Sherman, S. J./Janatka, D.A.* (1992), S. 27 sowie *Sklar, M. L.* (1995), S. 29.

3.2.1 Umsatz und Bruttogewinn

Eine an den Umsatz gekoppelte Earnout-Konstruktion hat v.a. zwei große Vorteile: Der Umsatz weist die geringste Anfälligkeit für Manipulationen auf[76] und ist leicht zu ermitteln. Dies bedeutet, dass selbst bei einer starken Integration des Targets in das Mutterunternehmen, dessen Umsatz über die Produkte[77] oder den übernommenen Kundenstamm[78] isoliert werden kann.

Eine reine Umsatz-Basierung der Earnout-Zahlungen bringt allerdings eine andere Problematik mit sich. Ein Verkäufer-Management hat dabei keine Kostenverantwortung. Darum besteht die Gefahr, dass die Umsätze z.B. durch teure Werbeaktionen oder gewährte Sonderrabatte aufgeblasen werden, worunter die Profitabilität und die langfristige Entwicklung des Targets stark leiden kann.[79] Den Käufer würde also ein derartiges Verhalten gleich zweifach treffen, da er zum einen höhere Earnout-Zahlungen zu leisten hat und zum anderen sinkende Gewinne oder gar Verluste vorfindet. Auch ein Käufer-Management kann aber zu solch strategischem Verhalten tendieren, indem es z.B. den Werbeetat streicht. Dadurch ginge zwar der Umsatz zurück, aber die Profitabilität würde sich erhöhen und Earnout-Zahlungen müssten nicht geleistet werden.[80]

Eine weitere Schwierigkeit der Kennzahl Umsatz betrifft die Produktion bzw. Distribution. Die vom Käufer zur Verfügung gestellten Kapazitäten können u.U. nicht ausreichen, um das Absatzpotential vollständig auszuschöpfen.[81] Dieses Problem der mangelnden Ausstattung durch den Käufer kann sich auch auf das zur Verfügung gestellte Kapital beziehen. Daher sollte in der Earnout-Vereinbarung geregelt sein, welche Ressourcen dem Target mindestens zur Verfügung gestellt werden müssen.[82]

Andererseits kann die Übernahme auch zu einer Umsatzsteigerung des Targets führen, die es nicht selbst zu verantworten hat und die daher keinen Einfluss auf den finalen Kaufpreis haben sollte.[83] So können z.B. zusätzliche Vertriebskanäle des Mutterunter-

---

76 Vgl. *Brandl, N.* (2004), S. 630 sowie *Pitt, H. L./Glover, S. I.* (1997), S. B6.

77 So *Bruner, R. F.* (2004), S. 618.

78 Siehe *Baums, T.* (1993), S. 1274.

79 Vgl. *Craig, B./Smith, A.* (2003), S. 46; *KPMG Legal* (o.J.); *Meuli, H. M.* (1996a), S. 91, oder auch *Walton, L./Metcalf, B. W./Hamilton, A. H.* (2004), S. 13.

80 Vgl. dazu *Gundersen, M. J.* (2002), Fn. 2.

81 Ähnlich *Bruner, R. F.* (2004), S. 618 sowie *Daunt, J. A./Gehr, G. v.* (1996).

82 Dazu auch *Bruner, R. F.* (2004), S. 618; *Daunt, J. A./Gehr, G. v.* (1996) sowie *Walton, L./Metcalf, B. W./Hamilton, A. H.* (2004), S. 22.

83 Siehe *Walton, L./Metcalf, B. W./Hamilton, A. H.* (2004), S. 12.

nehmens oder dessen Renommee beim Absatz der Produkte genutzt werden. Denkbar ist dies beispielsweise bei einer kleinen Softwarefirma, die nach der Übernahme durch SAP oder Microsoft mit deren Ansehen auf Kundenfang gehen kann.[84]

Die aufgeführten Schwächen der Kennzahl Umsatz führen dazu, dass sie als Bemessungsgrundlage nicht sehr weit verbreitet ist.[85] Eine bessere Basis bildet dagegen der Bruttogewinn bzw. Deckungsbeiträge. Dabei wird dem Management eine Kostenverantwortung auferlegt,[86] die ein künstliches Aufblasen des Umsatzes unterbindet. Allerdings sollten für diesen Fall Regelungen zur Ermittlung der Herstellungskosten getroffen werden, insbesondere hinsichtlich der internen Verrechnungspreise für Leistungen, die von der Käuferfirma erbracht werden.

3.2.2 Gewinn und Cashflow

Beim Gewinn handelt es sich um eine buchhalterische Größe, die sich aus der Differenz von Ertrag und Aufwand ergibt. Für einen Investor repräsentiert der Gewinn häufig die wichtigste Kennzahl, da ihr die höchste Aussagekraft über den Unternehmenserfolg zugesprochen wird[87] und sie daher, wie in Abschnitt 2.2 dargestellt, entscheidenden Einfluss auf den Unternehmenswert hat. Es gibt eine ganze Reihe von Ergebnisdefinitionen (EBITDA, EBIT, EBT, Jahresüberschuss) für die gilt: mit zunehmender Aussagekraft über den Unternehmenserfolg, wachsen zugleich die bilanztechnischen und –politischen Gestaltungsspielräume.[88]

Dies führt dazu, dass der Verkäufer in der Regel kein Interesse an einem ergebnisbasierten Earnout hat, sofern die Kontrolle über das operative Geschäft und die Bilanzierung in den Händen des Käufers liegt. Die Kennzahlen EBIT/EBITDA bieten in dieser Diskussion noch das meiste Kompromisspotential. Sie werden von der Kapitalstruktur des Käufers und von der gewählten Finanzierungsart der Transaktion nicht beeinflusst, da sie die Effekte von Zinsen, Steuern, Abschreibungen und Amortisation ausblenden.[89]

---

84 Siehe dazu die Untersuchung bzgl. der Entwicklung und Bewertung junger Unternehmen mit namhaften Verbindungen von *Stuart, T. E./Hoang, H./Hybels, R. C.* (1999), S. 315-349; Die Vorteile eines Unternehmens, das es schafft einen renommierten Wagniskapitalgeber ins Boot zu holen beschreiben *Amit, R./Glosten, L./Muller, E.* (1990), S. 104.

85 Vgl. hierzu *Brandl, N.* (2004), S. 630.

86 Vgl. *Meuli, H. M.* (1996a), S. 93.

87 Siehe *Walton, L./Metcalf, B. W./Hamilton, A. H.* (2004), S. 13.

88 Eine eingehende Diskussion der genannten Ergebnisgrößen unter dem Gesichtspunkt der Tauglichkeit als Earnout-Bemessungsgrundlage ist zu finden bei *Brandl, N.* (2004), S. 630f.

89 Vgl. hierzu *Walton, L./Metcalf, B. W./Hamilton, A. H.* (2004), S. 13.

Zudem möchte der Verkäufer in der Regel selbst die Verantwortung für die Entwicklung des Unternehmens während der Earnout-Periode übernehmen und daher ein bestimmtes Mindestmaß an operativer Freiheit fordern.[90] Dabei allerdings ergibt sich weiteres Konfliktpotential. Das Verkäufer-Management kann dazu neigen, den Gewinn kurzfristig zu steigern.[91] Erreicht werden kann dies durch extreme Kosteneinsparungen (z.B. für Marketing, Personal, Forschung & Entwicklung) oder Unterlassung von langfristig erforderlichen Investitionen. Derartige Entscheidungen sind für die zukünftige Entwicklung des Unternehmens sehr nachteilig und damit nicht im Interesse des Käufers.

Auch bei der Gewinnermittlung finden sich etliche Klippen, die es geschickt zu umschiffen gilt. So müssen sich Käufer und Verkäufer zunächst einigen, nach welchen Rechnungslegungsvorschriften der Gewinn ermittelt werden soll. Ferner sollten neben den Verrechnungspreisen auch die Verzinsung des durch die Konzernmutter zur Verfügung gestellten Kapitals vertraglich geregelt sein, ebenso wie die Aufteilung von Versicherungsbeiträgen.[92] Handelt es sich beim Zielunternehmen um einen ehemaligen Mitbewerber mit identischer Produktpalette, besteht außerdem die Möglichkeit, den kombinierten Gewinn von Käufer und Target als Zielgröße für den Earnout zu wählen.[93]

Weitere Schwierigkeiten bilden ordentliche Einmaleffekte, die im *Ergebnis der gewöhnlichen Geschäftstätigkeit* enthalten sind, die aber erheblichen Einfluss auf die Gewinngröße haben können. Als Beispiele für derartige Einmaleffekte nennt *v. Braunschweig* u.a. Großreparaturen, laufende Subventionen, Währungskursgewinne bzw. –verluste sowie die Auflösung von Rückstellungen.[94]

Eine Alternative zur Basisgröße Gewinn stellt der Cashflow dar. Bei seiner Berechnung werden zahlungsunwirksame Aufwendungen und Erträge eliminiert. Benötigt der Käufer Liquidität (ist also cash-short) oder hat das Target in der Vergangenheit viel Liquidität verzehrt, bildet eine Cashflow-Basierung des Earnouts eine Möglichkeit für den Käufer, dem übernommenen Unternehmen mehr Ausgabendisziplin aufzuerlegen.[95] Aber auch

---

90 Siehe *Bruner, R. F.* (2004), S. 618 sowie *Daunt, J. A./Gehr, G. v.* (1996).
91 Ähnlich *Mendoza, G. S.* (1992), S. 19.
92 Siehe *Goldsmith, J. D.* (2002), S. 2.
93 Vgl. dazu *Baums, T.* (1993), S. 1274 sowie *Gundersen, M. J.* (2002), Fn. 3.
94 Ausführlicher dazu *v. Braunschweig, P.* (2002), S. 1816.
95 Vgl. hierzu *Bruner, R. F.* (2004), S. 619.

bei dieser Kennzahl empfiehlt sich eine genaue Definition, da es eine Vielzahl von Cashflow Begriffen (buchhalterischer, operativer oder freier Cashflow) gibt.

Allerdings hat der Cashflow einen entscheidenden Nachteil, weshalb er sich nur sehr eingeschränkt als Kenngröße für Earnout-Zahlungen eignet.[96] Im Gegenteil zum Gewinn, bei dessen Ermittlung der Aufwand für getätigte Investitionen durch Abschreibungen auf mehrere Jahre verteilt wird, wirken sich Investitionen komplett in dem Jahr auf den Free Cashflow aus, in dem sie bezahlt werden. So verringern während der Earnout-Periode getätigte Investitionen den Cashflow und damit die Zahlungen an den Verkäufer. Von den späteren höheren Rückflüssen aus den Investitionen hat der Verkäufer dagegen nichts, sofern sie erst nach Ablauf der Earnout-Periode eintreten.[97]

3.2.3 Nicht finanzielle Kenngrößen

Neben den Rechnungswesen-basierten Kenngrößen, die jedoch nicht in jeder Unternehmenssituation die geeignetesten Parameter für die Bestimmung des Unternehmenswert darstellen, werden in der Praxis auch nicht finanzielle Größen zur Ermittlung der Earnout-Zahlungen herangezogen. Generell gibt es drei verschiedene Modelle.

So kann der Zusatzpreis von einem Ereignis abhängig gemacht werden, das erheblichen Einfluss auf den Unternehmenswert hat, welches aber keine der beiden beteiligten Parteien beeinflussen kann. Bei einer solchen Vereinbarung wird von einem *passive contingent payment* gesprochen.[98] Der Ausgang eines schwebenden juristischen Verfahrens oder eine noch ausstehende Patententscheidung dienen hier als illustrative Beispiele.

Die zweite Gruppe derartiger Größen bilden die sogenannten *Milestones.* Sie sind insbesondere in forschungs- und technologieintensiven Branchen beliebt. Dabei werden im Vorfeld bestimmte nicht finanzielle Unternehmensziele vereinbart, die innerhalb einer bestimmten Frist erreicht werden sollten. Die Bandbreite derartiger Ziele ist nahezu unbegrenzt. Denkbar sind die rechtzeitige Marktreife eines Medikamentes, die Fertigstellung einer Software oder der Abschluss einer strategischen

---

[96] So *Meuli, H. M.* (1996a), S. 103.
[97] Siehe *Meuli, H. M.* (1996a), S. 103.
[98] Vgl. dazu *Boyce, G. R./Hewitt, S. (*1998), S. 5.

Partnerschaft[99], z.B. in Form einer Kooperation mit einem großen Hardwarehersteller oder –händler[100]. Auch gewonnene Produktauszeichnungen, positive Berichterstattung in der Fachpresse[101], eine verbesserte Kapazitätsauslastung[102], der Verbleib wichtiger Kunden und Mitarbeiter[103] oder den Umweltschutz betreffende Größen[104], wie z.B. die Erreichung von Emissionsgrenzwerten oder eines bestimmten Grads an Recyclingfähigkeit der Produkte, können dafür herangezogen werden. Werden die vereinbarten Schwellen innerhalb der vorgegeben Zeit erreicht, kommt es zur Earnout-Zahlung.

Bei der dritten Gruppe handelt es sich um nicht finanzielle Kennzahlen, für die üblicherweise keine diskreten Schwellenwerte vereinbart werden, sondern die sich, ähnlich wie die finanziellen, als kontinuierliche Basis für die Ermittlung des Zusatzpreises eignen. Dies bedeutet, dass ein enger Zusammenhang zwischen der gewählten Größe und dem Unternehmenserfolg besteht und sich daher jede, wenn auch nur kleine Verbesserung dieser Kennzahl in der Höhe der Earnout-Zahlungen niederschlagen sollte. Dafür eignen sich beispielsweise die Anzahl der verkauften Exemplare (bei Softwareunternehmen oder Verlagen), die Kundenzahl (bei Mobilfunkanbietern oder Online-Brokern), die Anzahl der Webseitenbesuche oder der Marktanteil.[105]

Wie man am Ende dieses Abschnittes sieht, gibt es eine Vielzahl von Kenngrößen, die zur Bestimmung der Earnout-Zahlungen herangezogen werden können. Da jede einzelne Größe ihre Vor- und Nachteile besitzt, ist es in der Praxis auch nicht unüblich, mehrere Kennzahlen zu kombinieren und entsprechend zu gewichten, um eine passende und für beide Seiten akzeptable Anreizstruktur zu schaffen.[106]

---

[99] Vgl. *Gennari, L. H.* (o.J.).
[100] Ausführlich dazu *Feldman, S. G.* (1996), S. 13.
[101] Siehe *Feldman, S. G.* (1996), S. 13.
[102] Vgl. *Bhatt, B.* (2002) sowie *Brandl, N.* (2004), S. 631.
[103] Siehe *Büchler, U. A.* (2003), S. 2.
[104] So zu finden bei *Sherman, S. J./Janatka, D. A.* (1992), S. 29.
[105] Ähnlich zu finden bei *Brandl, N.* (2004), S. 631.
[106] Vgl. *Daunt, J. A./Gehr, G. v.* (1996).

3.3 Ausgestaltungsmöglichkeiten eines Earnout-Modells

3.3.1 Besserungsoptionsmodell vs. mehrstufiger Unternehmenskauf

Was die gesellschaftsrechtliche Beteiligung der beiden Vertragsparteien betrifft, gibt es im Rahmen von Earnouts zwei Modelle. Entweder der Käufer übernimmt sofort 100% der Gesellschaftsanteile oder er erwirbt zunächst nur eine Mehrheit von beispielsweise 50% + eine Aktie.

Beim ersten Modell räumt die eine Partei der anderen eine sogenannte Besserungsoption ein. Sie gibt „Käufer und Verkäufer das Recht, aber nicht die Pflicht, eine nachträgliche Korrektur des Kaufpreises zu verlangen, wenn die Unternehmensentwicklung sich außerhalb einer gewissen Bandbreite bewegt".[107] Grundsätzlich kann also beiden Parteien eine Besserungsoption eingeräumt werden, in den meisten Fällen erhält sie aber der Verkäufer, der dafür zunächst einen niedrigeren Kaufpreis akzeptieren muss.[108] Eine Besserungsoption kann nach oben (Cap) oder nach unten (Floor) begrenzt werden. Der Cap schützt den Käufer vor einem unbegrenzten Besserungsanspruch des Verkäufers und der Floor begrenzt Nachforderungen des Käufers gegenüber dem Verkäufer.[109] Eine Besserungsoption darf nicht mit einem Besserungsschein verwechselt werden.[110]

Beim mehrstufigen Unternehmensverkauf behält der Altgesellschafter dagegen zunächst noch Anteile am Unternehmen, auf die er aber dem Käufer eine Kaufoption (Call) einräumt. Bis zur Ausübung der Option tragen damit Käufer und Verkäufer das wirtschaftliche Risiko gemeinsam.[111] Die passive Rolle des Verkäufers kann bei diesem Modell allerdings zum Problem werden. Übt der Käufer seine Kaufoption nicht aus, bleibt der Altgesellschafter dauerhaft Minderheitsaktionär ohne Einfluss im Unternehmen. Dieses Problem ist weniger brisant, wenn der Kauf der Anteile auch für Dritte interessant ist. Alternativ kann dem Verkäufer zusätzlich eine Verkaufsopti-

---

[107] *Delcker, M.* (1992), S. 2453.
[108] Vgl. dazu *Ragotzky, S. (*2003), S. 176.
[109] Siehe dazu *Delcker, M.* (1992), S. 2453.
[110] Ein Besserungsschein ist ein im Rahmen eines Vergleichsverfahrens abgegebenes schriftliches Versprechen des Schuldners weitere Zahlungen zu leisten, sofern eine Besserung seiner wirtschaftlichen Lage eingetreten ist, vgl. *Delcker, M.* (1992), S. 2453. In der Literatur werden die beiden Begriffe bisweilen fälschlicherweise als Synonyme verwendet, so *Betsch, O./Groh, A. P./Lohmann, L. H.* (2000), S. 304; *Janich, J.* (1992), S. 3 sowie *Ragotzky, S. (*2003), S. 176.
[111] Vgl. *Ragotzky, S. (*2003), S. 178 und *Reuer, J. J./Shenkar, O./Ragazzino, R.* (2004), S. 23.

on (Put) über die restlichen Anteile eingeräumt werden, die ihm den vollständigen Ausstieg aus dem Unternehmen ermöglicht.[112]

Für *Lacher/Poppe* ist die genaue Anteilsquote der beiden Parteien nicht entscheidend für eine erfolgreiche Geschäftsführung während der Earnout-Periode. Sie empfehlen in jedem Fall die Anfertigung einer Liste, auf der alle Geschäftsvorfälle aufgeführt werden, über die beide Parteien gemeinsam entscheiden müssen (major item list).[113]

3.3.2 Verschiedene Standards zur Bestimmung der Earnout-Zahlungen

Zur konkreten Bestimmung des Zusatzpreises gibt es verschiedene Modelle. Auf den folgenden Seiten werden zunächst drei Standards vorgestellt, durch welche die Höhe der Earnout-Zahlungen festgelegt werden kann. Anhand eines abschließenden Beispiels werden die Auswirkungen der verschiedenen Standards illustriert.

3.3.2.1 Fester Standard

Beim festen Standard wird zunächst ein Schwellenwert[114] für die Maßgröße festgelegt. Dafür eignet sich z.B. der Gewinn des letzten Geschäftsjahres. Es ist auch denkbar, einen Durchschnittswert der letzten Jahre zu bilden, bei dem die weiter zurückliegenden Perioden wegen ihrer geringeren Relevanz für die zukünftige Entwicklung weniger gewichtet werden. Von dem über diesem Schwellenwert liegenden Betrag wird dann ein bestimmter Prozentsatz als Zusatzpreis an den Verkäufer überwiesen.

Falls der Verkäufer mit Anteilsscheinen an der Muttergesellschaft bezahlt wird, wird der Differenzbetrag aus aktuellem Gewinn und dem festen Standard zunächst mit einem Kapitalisierungsfaktor[115] multipliziert und dann durch den aktuellen Kurs der Aktie geteilt. Das Ergebnis liefert die Anzahl der an den Verkäufer zu übertragenden Aktien.[116]

---

[112] Siehe *Ernst, D./Thümmel, R. C.* (2002), S. 631 sowie *Ragotzky, S.* (2003), S. 179.
[113] Ausführlicher dazu *Lacher, J./Poppe, H.* (1988), S. 1763f.
[114] In der Praxis wird bisweilen auch ein Schwellenwert von 0 vereinbart. Dies bedeutet dann eine prozentuale Beteiligung am gesamten erwirtschafteten Gewinn.
[115] Nach *Hecht, C. J.* (1967), S. 4 erhält man den Kapitalisierungsfaktor durch die Division des Basispreises durch der Nachsteuergewinn des letzten Geschäftsjahres.
[116] Vgl. dazu *Hecht, C. J.* (1967), S. 4 sowie *Steele, T. A./Reum, R. W.* (1970), S. 86 und *Steele, T. A./Reum, R. W.* (1971), S. 131.

3.3.2.2 Variabler Standard

Auch beim variablen Standard wird im ersten Jahr der Earnout-Phase der Vorjahreswert der Maßgröße als Schwellenwert festgelegt. Doch im Gegensatz zum festen Standard wird der gewählte Standard jedes Jahr überprüft und gegebenenfalls nach oben angepasst. Dadurch gilt immer der höchste Wert der Kenngröße, der jemals während der Earnout-Periode erreicht wurde, als aktueller Schwellenwert.[117]

Damit belohnt der bewegliche Standard ein möglichst hohes und v.a. kontinuierliches Wachstum und vermeidet größere Earnout-Zahlungen, die nur auf stark schwankenden Ergebnissen basieren.[118] Der hohe Anspruch, immer das höchste bisher erreichte Ergebnis übertreffen zu müssen, wird aber auch honoriert. Der prozentuale Anteil am zusätzlich geschaffenen Profit, den der Verkäufer als Zusatzpreis erwartet, ist dafür oft deutlich höher beim festen Standard.[119]

3.3.2.3. Kumulativer Standard

Der Vorteil des kumulativen Standards ist, dass er resistent gegen eine stark schwankende Ergebnisentwicklung ist. Bei diesem Ansatz wird nämlich auf die Gesamtperformance während der Earnout-Periode abgestellt. Der zu übertreffende Schwellenwert ergibt sich durch Multiplikation des Vorjahreswertes der Maßgröße mit der Laufzeit des Earnouts in Jahren. Übertreffen die aufsummierten Ergebnisse am Ende der Earnout-Phase diese Basis, werden Zusatzzahlungen an den Verkäufer geleistet.

Bei diesem Modell muss der Verkäufer also bis zum Ende der Earnout-Periode warten, bis er den Zusatzpreis erhält. Dieser „lock-in“ Effekt wird dafür meist durch eine höhere prozentuale Partizipation am Übergewinn belohnt als beim festen Standard.[120] Im Vergleich zum variablen Standard ist die Beteiligung aber geringer, weil keine stetig steigenden Gewinne gefordert werden, sondern es ausreicht, eine bereits festgelegte Maßgröße zu übertreffen.[121]

---

[117] Siehe *Steele, T. A./Reum, R. W.* (1970), S. 86 und *Steele, T. A./Reum, R. W.* (1971), S. 132.
[118] So *Steele, T. A./Reum, R. W.* (1970), S. 86 und *Steele, T. A./Reum, R. W.* (1971), S. 132.
[119] Vgl. *Meuli, H. M.* (1996a), S. 67; *Steele, T. A./Reum, R. W.* (1970), S. 86 und *Steele, T. A./Reum, R. W.* (1971), S. 131.
[120] Vgl. *Weiser, M. F.* (2004), S. 514.
[121] Siehe hierzu *Hecht, C. J.* (1967), S. 7.

Im Gegensatz zu den zwei vorangegangenen Methoden wird das Verkäufer-Management bei diesem Ansatz motiviert, seine Entscheidungen auf längere Sicht auszulegen und sich damit auf eine erfolgreiche Entwicklung über die gesamte Vertragslaufzeit zu fokussieren.[122]

3.3.2.4 Beispiel zur Berechnung des Zusatzpreises

Anhand des folgenden Beispiels[123] (Beispiel 2) wird gezeigt, wie die Höhe der Earnout-Zahlungen ermittelt wird. Weiterhin wird der nicht unerhebliche Einfluss des gewählten Standards erkennbar sein.

Ausgangslage:

Als Maßgröße wird der Gewinn verwendet. Im Jahr 2003 betrug er 130.000 €. Die Earnout-Periode beträgt vier Jahre. Der Kapitalisierungszinsfuß beträgt 8%.

Für die zukünftige Gewinnentwicklung gibt es drei Szenarien: Szenario 1 (schwankende Gewinnentwicklung), Szenario 2 (stetig steigende Gewinnentwicklung), Szenario 3 (sinkende Gewinnentwicklung). Die dabei erwirtschafteten Ergebnisse fallen wie folgt aus:

	Szenario 1	**Szenario 2**	**Szenario 3**
2004	150.000 €	140.000 €	150.000 €
2005	140.000 €	150.000 €	135.000 €
2006	170.000 €	160.000 €	120.000 €
2007	160.000 €	170.000 €	115.000 €
Gesamt:	**620.000 €**	**620.000 €**	**520.000 €**

Abb. 5a: Beispiel 2 – alternative Gewinnszenarien

Zahlungsmodi:

- Fester Standard: 40% vom Gewinn, der 130.000 € übersteigt. Die Zahlungen erfolgen jährlich.
- Variabler Standard: 70% von dem Teil des Gewinnes, der über dem bis her besten Vorjahresergebnis liegt. Die besten Vorjahresergebnisse, welche für die entsprechenden

[122] Vgl. *Steele, T. A./Reum, R. W.* (1970), S. 87 und *Steele, T. A./Reum, R. W.* (1971), S. 133.
[123] In Anlehnung an *Meuli, H. M.* (1996a), S. 67-72 sowie *Labbé, M.* (2004), S. 120f. und *Weiser, M. F.* (2004), S. 514f.

Jahre die Grundlage bilden, sind in Abb. 5b aufgeführt.

- Kumulativer Standard: 40% vom Gewinn, der 520.000 € (= 4 Jahre x 130.000 €) übersteigt. Die Zahlung erfolgt am Ende der Earnout-Periode.

	Szenario 1	**Szenario 2**	**Szenario 3**
2004	130.000 €	130.000 €	130.000 €
2005	150.000 €	140.000 €	150.000 €
2006	150.000 €	150.000 €	150.000 €
2007	170.000 €	160.000 €	150.000 €

Abb. 5b: Beispiel 2 – Höchstes, relevantes Vorjahresergebnisses bei der Anwendung des kumulativen Standards.

A. Earnout-Zahlungen ohne Kapitalisierung (in €)

	Fester Standard			Kumulativer Standard			Variabler Standard		
	Szenario 1	Szenario 2	Szenario 3	Szenario 1	Szenario 2	Szenario 3	Szenario 1	Szenario 2	Szenario 3
2004	8000	4000	8000	0	0	0	14000	7000	14000
2005	4000	8000	2000	0	0	0	0	7000	0
2006	16000	12000	0	0	0	0	14000	7000	0
2007	12000	16000	0	40000	40000	0	0	7000	0
Zusatzpreis:	**40000**	**40000**	**10000**	**40000**	**40000**	**0**	**28000**	**28000**	**14000**

B. Barwerte der Earnout-Zahlungen (in €)

	Fester Standard			Kumulativer Standard			Variabler Standard		
	Szenario 1	Szenario 2	Szenario 3	Szenario 1	Szenario 2	Szenario 3	Szenario 1	Szenario 2	Szenario 3
2004	7407	3704	7407	0	0	0	12963	6481	12963
2005	3429	6859	1715	0	0	0	0	6001	0
2006	12701	9526	0	0	0	0	11114	5557	0
2007	8820	11760	0	29401	29401	0	0	5145	0
Zusatzpreis:	**32357**	**31849**	**9122**	**29401**	**29401**	**0**	**24077**	**23184**	**12963**

Abb 5c: Beispiel 2 – Berechnung des Zinssatzpreises bei unterschiedlichen Standards

Beurteilung:

Wie Abb. 5c zeigt, ist es in Bezug auf die Zusatzzahlungen beim festen Standard unwesentlich, ob die Gewinne wie in Szenario 1 oder in Szenario 2 eintreten, da Gewinnschwankungen keine Auswirkungen haben, sofern man nicht auf die Barwerte der Zahlungen abstellt. Der Zusatzpreis beim kumulativen Standard entspricht in Szenario 1 und 2 dem des festen Standards, doch durch die spätere Auszahlung zeigt sich nach Diskontierung der Zahlungen der Unterschied im Vergleich zum festen Standard. In Szenario 3 fällt die Auszahlung beim kumulativen Standard sogar ganz weg, da die Gesamtgewinnschwelle von 520.000 € nicht erreicht wird.

Es sei aber daran erinnert, dass oben berechnete Earnout-Zahlungen ja nur einen Teil des Gesamtkaufpreises darstellen. So könnte z.B. der Basispreis beim variablen Standard deutlich höher liegen, da er bereits ein hohes Gewinnwachstum berücksichtigt.[124]

3.4 Abgrenzung von weiteren Instrumenten zur Risikobegrenzung beim Unternehmenserwerb

Nach der detaillierten Darstellung der Ausgestaltungsmöglichkeiten der Earnout-Methode soll in diesem Abschnitt eine kurze Abgrenzung zu weiteren Instrumenten vorgenommen werden, die ebenfalls die Reduktion des Risikos beim Unternehmenskauf für die beteiligten Parteien zum Gegenstand haben. Exemplarisch wird dabei mit der Break-up fee zunächst ein Mittel vorgestellt, das die Unsicherheit *vor* Vertragsabschluss lindert. Der Aufnahme von Garantien *bei* Vertragsabschluss soll das Risiko bei Vertragsabschluss senken und die Verwendung eines Treuhandkontos (escrow account) eignet sich *nachträglich* eintretende Risiken, wie z.B. die Insolvenz des noch zahlungspflichtigen Erwerbers, zu eliminieren.

3.4.1 Break-up fee Vereinbarungen

In sogenannten Break-up fee[125] Vereinbarungen, die ihren Ursprung im angloamerikanischen Rechtsraum haben, werden die Rechtsfolgen einer fehlgeschlagenen Transaktion vertraglich festgelegt. Zahlreiche geplante Übernahmen scheitern aus

---

[124] Siehe *Meuli, H. M.* (1996a), S. 72.

[125] Auch bekannt unter *break-fee, broken deal fee, bust-up fee, failed cost agreement, inducement fee, failure cost agreement, termination fee* oder *cancellation fee.*

den unterschiedlichsten Gründen, beispielsweise weil erforderliche aufsichtsrechtliche Genehmigungen nicht erteilt werden, ein oder mehrere Gesellschafter ihre Zustimmung verweigern oder die Verhandlungen einfach ohne Ergebnis abgebrochen werden.[126]

Die Vereinbarung einer Break-up fee, als deren deutsches Synonym „Misserfolgsentschädigung“ betrachtet werden kann,[127] sieht für den Fall des Scheiterns der Transaktion die Zahlung einer bestimmten Geldsumme vor, die als Kompensation für erlittene Schäden und Kosten betrachtet werden kann. Unter diese Kosten fallen aber nur solche Schäden, die direkt mit der Vorbereitung der Transaktion verbunden waren. Eine Entschädigung für erlittene Imageverluste oder für einen eingebrochenen Aktienkurs infolge der gescheiterten Verhandlungen sehen derartige Vereinbarungen nicht vor.[128]

Sieger/Hasselbach sehen in diesem Instrument insbesondere ein Mittel zum gegenseitigen Schutz der Vertragsparteien, d.h. zieht sich eine Seite ohne die Zustimmung der anderen Seite aus den Verhandlungen zurück, oder kann die Transaktion aus Gründen, die nur eine Seite zu vertreten hat, nicht stattfinden, wird die andere Seite für die ihr entstandenen Kosten entschädigt.[129] *Guinomet* geht in seiner Definition sogar noch weiter und schlägt vor, dass die Zahlung einer Break-up fee auch dann fällig ist, wenn gewisse Umstände eintreten, die zwar von keiner Partei zu vertreten sind, welche aber die Transaktion nicht mehr durchführbar machen.[130]

Im Gegenteil zu den USA ist die Verwendung von solchen Vereinbarungen in Deutschland zwar noch selten zu beobachten, aber durch die Zunahme grenzüberschreitender Transaktionen zeichnet sich eine steigende Tendenz ab.[131] Wie bei der Anwendung von Earnout-Klauseln kann man also mit zunehmender Unsicherheit eine häufigere Anwendung dieses Instruments feststellen (vgl. Abschnitt 8.1).

Während der Verhandlungen sollte aber keine der beiden Verhandlungsparteien zu sehr auf den Einsatz von Break-up Vereinbarungen beharren, sonst erweckt sie schnell den Eindruck, als möchte sie sich an den anderen klammern. Dies ließe die

---

[126] Vgl. *Guinomet, P.* (2003), S. 28.
[127] Siehe dazu *Guinomet, P.* (2003), S. 29.
[128] Ähnlich *Guinomet, P.* (2003), S. 29.
[129] Siehe hierzu *Sieger, J./Hasselbach, K.* (2000), S. 625.
[130] Nach *Guinomet, P.* (2003), S. 30.
[131] Vgl. dazu *Guinomet, P.* (2003), S. 31.

Gegenpartei vermuten, sie sei der einzige Interessent und würde ihre Skepsis erhöhen.

3.4.2 Garantien

Die Abgabe von Garantien ist ein weiteres Instrument, das geeignet ist, das Risiko für den Erwerber zu lindern. So ist es oft ein ganzer, auf den Einzelfall zugeschnittener Garantienkatalog, der dem Käufer dazu dienen soll, die ihm aus der vorliegenden Informationsasymmetrie erwachsenden Nachteile zu beseitigen.[132] Diese individuellen Einzelregelungen sind der gesetzlichen Gewährleistung hinsichtlich Flexibilität und gewünschter Risikoverteilung regelmäßig überlegen.[133]

Die Garantien beziehen sich typischerweise auf die Richtigkeit vergangener Jahresabschlüsse (auch bekannt als Bilanzgarantien), auf bestehende Rechte (z.B. selbstgeschaffene, immaterielle Wirtschaftsgüter) und auf das Bestehen oder Nichtbestehen von Verpflichtungen (z.B. drohende Verluste aus schwebenden Geschäften).[134] Auch Garantien über Ansprüche Dritter aus Produkthaftung (z.B. für die Wartung von in der Vergangenheit ausgelieferten Anlagen) oder den rechtmäßigen Erwerb von Kundendaten sind denkbar.

Sinn und Zweck dieser abgegebenen Garantien ist „eine verschuldensabhängige Haftung für die gemachten Angaben."[135] Insbesondere für Wagniskapitalgeber, die anders als Banken für ihr bereitgestelltes Kapital keine Sicherheiten verlangen, sind Garantien oft das einzige Absicherungsinstrument.[136] Neben der Due Diligence ist die Diskussion über abzugebende Garantien die zweite Phase im Akquisitionsprozess, bei der sich Schwachstellen im Unternehmen herausstellen.[137] Im Rahmen der Garantievereinbarungen kann auch eine Mindest- (Bagatellklausel) bzw. Höchstgrenze (Cap) vereinbart werden, die das Haftungsrisiko für den Verkäufer begrenzt.[138]

Im Vergleich zu Earnout-Klauseln lässt sich aber für beide Seiten ein Nachteil feststellen. Wenn der Verkäufer Garantien abgeben muss, also den Käufer sozusa-

---

[132] Siehe *Stephan, M.* (2004), S. 16.
[133] Ähnlich *Haselmann, D. R.* (2003), S. 144.
[134] Siehe *v. Braunschweig, P.* (2002), S. 1815 und *Haselmann, D. R.* (2003), S. 147.
[135] *Stephan, M.* (2004), S. 16.
[136] Vgl. *Stephan, M.* (2004), S. 17.
[137] Siehe hierzu *Stephan, M.* (2004), S. 17.
[138] Zur ausführlichen Darstellung der Haftungsbegrenzungen siehe *Hilgard, M. C.* (2004), S. 1233-1239.

gen gegen gewisse Risiken versichert, dann wird er sich dies, gewissermaßen durch eine Versicherungsprämie, bezahlen lassen.[139] Somit senkt jede abgegebene Garantie zwar das Risiko, aber erhöht für den Käufer auch den zu zahlenden Preis. Sollte der Verkäufer dagegen eine Garantie für die Erreichbarkeit bestimmter Ergebnisse abgeben, trägt er ein Risiko, auf das er selbst aber keinen Einfluss mehr nehmen kann.[140]

3.4.3 Treuhandkonten

Die Einrichtung eines Treuhandkontos ist eine weitere Möglichkeit, das Risiko beim Unternehmenskauf für beide Seiten zu verringern. Dabei wird ein Teil des Gesamtkaufpreises zunächst auf ein Konto eines neutralen Dritten, in der Regel einer Bank, eingezahlt. Häufig wird dann ein die Transaktion begleitender Anwalt zur Verwaltung des Kontos eingesetzt. Dieser veranlasst die vollständige Auszahlung an den Verkäufer erst dann, wenn das übernommene Unternehmen eine vorher in der Treuhandvereinbarung festgelegte Bedingung erfüllt hat.[141] Trifft diese nicht ein, denkbar wäre z.B. die termingerechte Marktreife eines Produktes,[142] wird das Geld zumindest teilweise wieder an den Käufer zurückbezahlt.

Für den Verkäufer wirkt die Einrichtung eines Treuhandkontos ebenfalls risikosenkend. Denn eine eventuelle Insolvenz des Käufers könnte seine berechtigten Ansprüche zunichte machen (siehe Abschnitt 5.2). Daher erfreut sich dieses Instrument auch bei der internationalen Handelsfinanzierung mit als unsicher geltenden Partnern großer Beliebtheit.[143]

---

[139] Vgl. dazu *Baums, T.* (1993), S. 1273.
[140] Siehe dazu *Baums, T.* (1993), S. 1273.
[141] Zur Abwicklung von Treuhandkonten siehe *Farmer, S. (*1990), S. 756-758 sowie *McQuiston, R.* (2003), S. 24.
[142] Siehe *Bruner, R. F.* (2004), S. 610.
[143] Siehe dazu *Mitchell, P.* (1997), S. 30.

4 Funktionen der Earnout-Methode

Nach der detaillierten Darstellung der zentralen Parameter bei Earnout-Konstruktionen und einem Überblick über die zahlreichen Ausgestaltungsalternativen, sollen in diesem Kapitel die Funktionen der Methode vorgestellt werden.

An dieser Stelle sei aber bereits darauf hingewiesen, dass es sich trotz der zahlreichen Vorteile des Earnout-Ansatzes um kein bequemes Standard-Instrument handelt,[144] sondern nur nach sorgfältiger Prüfung der damit verbundenen Schwierigkeiten (vgl. Kapitel 5) eine erfolgreiche Anwendung möglich ist.[145]

4.1 Überwindung von Preisdifferenzen durch Aufteilung des unternehmerischen Risikos

Die Einigung auf einen Kaufpreis stellt oft das größte Hindernis bei M&A-Transaktionen dar. Wie in Kapitel 2 beschrieben, gibt es kein objektives Verfahren zur Ermittlung des Unternehmenswertes. Er basiert auf dem zukünftig zu erwartenden Unternehmenserfolg und dessen Schätzungen unterliegen nicht nur einem subjektiven Einfluss, sondern es ist auch objektiv gar nicht möglich, sämtliche wirtschaftliche Risiken im Vorhinein zu erahnen oder sie gar zu bewerten.

Daher geht ein Teil der unterschiedlichen Preisvorstellungen von Käufer und Verkäufer auf divergierende Zukunftseinschätzungen bzgl. der unsicheren Unternehmensentwicklung zurück. Besonders markant sind die unterschiedlichen Erwartungen z.B. bei Unternehmen, die vor der Markteinführung eines neuen Produktes stehen, die gerade in der Sanierung stecken oder deren Ertragswert stark von den Fähigkeiten des ausscheidenden Verkäufers abhängt.[146] In solchen Situationen können oft auch detailliertere Informationen und Bewertungsgutachten Dritter keine Angleichung der Preisvorstellungen herbeiführen.[147]

Der Verkäufer ist verständlicherweise an einer Kaufpreismaximierung interessiert und tendiert dabei zu einer subjektiv geprägten Überschätzung der zukünftigen Entwicklung. Bei Planungsrechnungen geht er häufig davon aus, dass Fehler der

---

[144] So *v. Braunschweig, P.* (2002), S. 1818.
[145] Vgl. *Baums, T.* (1993), S. 1276; *Gundersen, M. J.* (2002) und *Pitt, H. L./Glover, S. I.* (1997), S. B6.
[146] Ähnlich *Baums, T.* (1993), S. 1273 sowie *v. Braunschweig, P.* (2002), S. 1817f.
[147] Siehe *Baums, T.* (1993), S. 1273.

Vergangenheit nicht mehr begangen werden und damit die zukünftige Entwicklung automatisch besser werden muss. Dabei werden neue Fehlermöglichkeiten und deren negative Auswirkungen auf den Unternehmenserfolg meist unterschätzt.[148]

Der Käufer fürchtet dagegen die Gefahr, zu viel zu bezahlen (overpayment). Diese Furcht ist durchaus berechtigt, denn *Giliberto/Varaiya*[149] konnten bei Auktionen für zum Verkauf stehender Banken empirisch nachweisen, dass insbesondere mit zunehmender Anzahl der Kaufinteressenten die Wahrscheinlichkeit des Overpayments stark ansteigt.[150] Damit kommt es zum sogenannten Winner's Curse. Das bedeutet, dass der Käufer, der am Schluss den Zuschlag erhält, den Unternehmenswert am meisten überschätzt und daher mehr zahlt, als das Unternehmen wert ist.[151]

Diese Gefahr der auf Unsicherheit fußenden Fehlbewertung kann durch den Einsatz von Earnout-Klauseln stark gelindert werden. Denn während der Earnout-Periode tragen Käufer und Verkäufer das wirtschaftliche Risiko gemeinsam; zu welchen Teilen hängt von der genauen Ausgestaltung des Earnouts ab. Damit ist der Käufer der Gefahr z.B. wichtige Kunden oder Lieferanten zu verlieren nicht allein ausgesetzt und kann sogar auf die Unterstützung des Verkäufers hoffen (siehe dazu auch Abschnitt 4.4). Der Verkäufer nimmt zusätzlich noch ein Finanzierungsrisiko auf sich, da die Earnout-Zahlungen von der Zahlungsfähigkeit des Käufers abhängen (siehe dazu Abschnitt 5.2).

4.2 Überwindung von Preisdifferenzen durch Abmilderung der Informationsasymmetrie

Neben den unternehmerischen Risiken, die für Käufer und Verkäufer gleichermaßen Planungs- und damit einhergehend Bewertungsunsicherheit mit sich bringen, gibt es noch eine weitere Gruppe von Risiken. Sie ist auf die ungleiche Verteilung von Informationen zurückzuführen und geht damit in der Regel zu Lasten des Verkäufers.

Wie bereits in Abschnitt 2.1 beschrieben, hat der Verkäufer durch sein langjähriges Engagement in der Firma einen Informationsvorsprung, der sich auf nahezu alle

---

[148] Vgl. hierzu *Lacher, J./Poppe, H.* (1988), S. 1761.
[149] Vgl. *Giliberto, S. M./Varaiya, N. P.* (1989), S. 59-75.
[150] Siehe *Giliberto, S. M./Varaiya, N. P.* (1989), S. 71-73.
[151] Vgl. dazu *Coff, R. W.* (1999), S. 147.

Unternehmensbereiche erstreckt. Dieser Informationsasymmetrie begegnet der Käufer in der Regel durch einen Risikoabschlag bei seinem Kaufpreisangebot. Durch diesen Abschlag versichert er sich sozusagen gegen nachträglich auftretende Umstände, die sich unternehmenswertmindernd auswirken können. Je größer also die durch den Käufer empfundene Informationsasymmetrie und damit die Gefahr „Leichen im Keller" des Unternehmens zu finden, desto deutlicher fällt die Kaufpreisdifferenz aus. Dass die Anwendung der Earnout-Methode ein geeignetes Mittel ist um diese Problematik zu lösen, soll am Beispiel historischer Finanzdaten erläutert werden.

Die Finanzkennzahlen der vergangenen Geschäftsjahre bilden eine entscheidende Komponente in der Kaufpreisfindung. Diesen begegnet der potentielle Käufer oft mit Vorsicht, da er nicht immer davon ausgehen kann, dass sie die tatsächliche Lage des Targets treffend darstellen.[152] Fälle wie Enron, MCI Worldcom oder die erfundenen Umsätze bei Comroad, aber auch ein legales Ausnutzen sämtlicher Rechnungslegungsspielräume rechtfertigen eine gewisse Skepsis des Käufers bzgl. des zukünftigen Fortschreibens der historischen Ergebnisse. In dieser Situation ist es für den Käufer interessant, zukünftige Earnout-Zahlungen an der anzuzweifelnden Kenngröße festzumachen. Stellt sich z.B. in den folgenden Jahren heraus, dass der Gewinn in der Vergangenheit schön gerechnet wurde, dann fällt dafür der Zusatzpreis geringer aus, da der auf historischen Daten fußende Schwellenwert der relevanten Kenngröße in den Folgeperioden nicht übertroffen werden kann.[153] Diese Idee der Absicherung durch Integration der kritischen Daten in das Berechnungsschema des Earnouts lässt sich auf nahezu alle denkbaren Kenngrößen ausweiten (z.B. Kundenzahlen, Webseitenbesuche, Mitarbeiterfluktuation...).

Für den Käufer ist es daher verhandlungsstrategisch empfehlenswert, den Einsatz von Earnout-Klauseln erst dann vorzuschlagen, wenn der Verkäufer bereits seine Gewinnschätzungen offengelegt hat, weil dieser sie dann vor dem Hintergrund der bedingten Kaufpreiszahlung nicht mehr nach unten korrigieren kann, ohne sich dabei unglaubwürdig zu machen.[154]

---

[152] So *Lacher, J./Poppe, H.* (1988), S. 1762 sowie *Poitrinal, F.-D.* (1998).
[153] Ähnlich *Steele, T. A./Reum, R. W.* (1971), S. 138.
[154] So zu finden bei *Daunt, J. A./Gehr, G. v.* (1996) sowie *Freund, J. C.* (1975), S. 209.

Aber schon allein die Diskussion über die etwaige Integration von Earnout-Klauseln in den Kaufvertrag erweist sich als Mittel, um Informationsasymmetrien abzubauen. Denn bei Verhandlungen über die Ausgestaltung eines Earnouts müssen beide Parteien ihre Annahmen über zukünftige Entwicklungen offen legen und begründen. Durch diesen intensiven Austausch der beiden Parteien, kann es dann sogar zu einer Kaufpreiseinigung ohne Earnout kommen.[155]

Earnout-Konstruktionen sind daher ein geeignetes Mittel Preisdifferenzen zwischen Käufer und Verkäufer, die auf ungleicher Informationsverteilung oder Unsicherheit basieren, auszuräumen. Sie ermöglichen damit das „Agreeing to disagree“, um es mit den Worten von *Kohers/Ang* zu sagen,[156] denn die endgültige Bestimmung des Kaufpreises erfolgt erst, wenn sich auch der Käufer zum Unternehmensinsider entwickelt hat und die Informationsverteilung damit symmetrisch ist.[157]

4.3 Schaffung von Anreizkompatibilität zwischen Käufer und bisherigem Unternehmenseigner

Im Vergleich zum direkten Kauf eines Unternehmens bietet der Earnout-Ansatz noch einen weiteren Vorteil. Bei richtiger Ausgestaltung bringt er Käufer und Verkäufer dazu, auch nach Vertragsunterzeichnung an einem Strang zu ziehen und damit gemeinsam für nachhaltigen Erfolg des Unternehmens zu sorgen. Beim direkten Kauf ist nach Zahlung des Kaufpreises und gleichzeitiger Eigentumsübertragung der Gesellschaftsanteile auf den Käufer die Beziehung zwischen den beiden Parteien in der Regel beendet. Der Käufer kann sich lediglich durch Garantie- oder z.B. non-compete-Klauseln vor bösen Überraschungen schützen. Letztere sehen vor, dass der Verkäufer für einige Jahre nicht als Konkurrent zum verkauften Unternehmen auftreten darf.[158] Doch das Aufzwängen derartiger Klauseln lässt sich der Verkäufer bezahlen und dies schmälert die Synergieeffekte. Zudem ginge durch das vollständige Ausscheiden des Alteigentümers wichtiges Know-how verloren (vgl. Abschnitt 4.4).

Der Verkäufer wiederum verfolgt natürlich das Ziel der Kaufpreismaximierung und fürchtet die durch den Käufer vorgenommenen Risikoabschläge.

---

155 Vgl. *KPMG Legal* (o.J.).
156 Siehe dazu *Kohers, N./Ang, J.* (2000), S. 445.
157 Vgl. *Bazerman, M. H./Gillespie, J. J.* (1999), S. 158.
158 Vgl. *Hempstead, J. E.* (2000), S. 108; *Krendl, J. R.* (2000), S. 59 sowie *Sherman, A. J.* (1998), S. 182f.

Durch den geschickten Einsatz der Earnout-Methode können beide Parteien dazu bewogen werden, aus Eigeninteresse auch im Sinne der anderen Vertragspartei zu handeln und damit den Gesamterfolg für beide zu vergrößern. Diese klassische Win-Win-Situation wird durch eine treffende Wahl der für den Zusatzpreis maßgeblichen Kenngröße erreicht. Sie sollte sich im Einflussbereich des Verkäufers befinden und damit dessen Anstrengungen 1:1 honorieren und zugleich der Zielsetzung des Käufers entsprechen. Dadurch sitzen beide Parteien in einem Boot und Reibungsverluste durch widersprüchliche Entscheidungen werden minimiert.

Bei konsequenter Umsetzung dieser gemeinsamen Anreizstrategie besteht für den Altgesellschafter die Möglichkeit, einen höheren Kaufpreis zu erzielen als beim direkten Verkauf. Der Erwerber kann sich im Gegenzug der vollen Unterstützung und der Erfahrung des Verkäufers sicher sein. Zudem spart er sich die „Versicherungsprämien" für vereinbarte Garantie- oder non-compete-Klauseln.

Allerdings sollte bei der Ausgestaltung des Anreizsystems bedacht werden, dass sich Wirtschaftszyklen, Industrien und Menschen mit der Zeit verändern und dass daher die Gefahr besteht, dass eine ausgeklügelte Anreizstruktur zwar heute gut funktioniert, das aber nicht automatisch in zwei oder drei Jahren auch noch so sein muss.[159]

4.4 Bindung von wichtigem Humankapital in der übernommenen Unternehmung

Die Idee der Earnout-Methode, wonach ein Teil des Kaufpreises von der zukünftigen Performance des Unternehmens abhängt, bringt das Interesse des Verkäufers mit, in zukünftige operative und strategische Entscheidungen einbezogen zu werden. Diese Beteiligung des Altgesellschafters, die natürlich eine Bereitschaft zur intensiven Zusammenarbeit der beiden Parteien erfordert (siehe dazu Abschnitt 5.3), ist von Seiten des Käufers oftmals nicht nur geduldet, sondern explizit gewünscht.[160]

---

[159] Siehe *Podolny, M.* (1986), S. 61.

[160] Nach Untersuchungen von *Datar/Frankel/Wolfson* nennen sieben von 27 Käufern die Bindung des Altgesellschafters an das Target als den Hauptgrund für die Anwendung der Earnout-Methode. Weitere sechs Käufer geben die Bindung des Altgesellschafters zusammen mit der Überwindung des price gaps, als die zwei entscheidenden Motive zur Aufnahme einer Earnout-Klausel an, vgl. *Datar, S./Frankel, R./Wolfson, M.* (2001), S. 207.

Schließlich ist das Unternehmen unter seiner Führung zu dem gewachsen, was es nun für eine Übernahme interessant gemacht hat.[161]

Das im Unternehmen gebundene Humankapital stellt damit, insbesondere in dienstleistungs-, forschungs- oder technologieorientierten Unternehmen, eine erhebliche Komponente des Unternehmenswertes dar.[162] Das Spezialwissen aber auch die sozialen Kontakte des Managements zu Lieferanten, Abnehmern, Mitarbeitern und Kapitalgebern bilden einen bedeutenden Anteil am Unternehmen und ihr Verlust im Rahmen der Akquisition sollte vermieden werden. Ein langfristiger Arbeitsvertrag mag für angestellte Manager genügen, aber für eigentümergeführte Gesellschaften stellt eine Earnout-Konstruktion einen größeren Anreiz dar.[163] Sie dient dazu, den Alteigentümer während der Earnout-Periode an das Unternehmen zu binden und belohnt ihn dafür am Ende mit der Zahlung des Zusatzpreises.[164]

In dieser Zeit liegt seine Aufgabe darin, durch eine stufenweise Übergabe der operativen Leitung für Kontinuität in der Geschäftsführung zu sorgen. Dadurch hat der Erwerber zunächst mehr Zeit, die Führungskräfte des Targets besser einschätzen zu können, um dann, unter Einbeziehung von Führungskräften aus seinem eigenen Unternehmen, ein geeignetes Managementteam zusammenzustellen.[165] Dieses wird im Anschluss durch den erfahrenen Alteigentümer in sein neues Aufgabenfeld eingeführt. Da ein erfolgreiches Einarbeiten der neuen Geschäftsleitung auch einen positiven Effekt auf die Höhe der Earnout-Zahlungen hat, ist auch der Alteigentümer an einer reibungslosen Übergabe interessiert.[166]

Steht der Verkäufer zudem vor dem Schritt in den Ruhestand, ist er meist gerne bereit, dem Unternehmen mit seiner Erfahrung und seinem Rat zur Seite zu stehen, denn diese Aufgabe erleichtert ihm den tiefen Einschnitt in seinem persönlichem Leben. Schließlich bestand dieses bisher zu einem großen Teil aus *seiner* Firma und so genießt er das Gefühl, dort auch nach dem Verkauf noch gebraucht zu werden.

---

[161] Vgl. dazu *Krallinger, J. C.* (1997), S.211.
[162] So z.B. *Kohers, N./Ang, J.* (2000), S. 447f.
[163] Ähnlich *Kohers, N./Ang, J.* (2000), S. 448 und 471.
[164] Vgl. *Kohers, N./Ang, J.* (2000), S. 448.
[165] Siehe *Reum, W. R./Steele, T. A.* (1970), S. 88.
[166] Vgl. dazu *Del Roccili, J. A./Fuhr, J. P.* (2001), S. 89.

4.5 Finanzierungsfunktion der Earnout-Methode

Neben dem Abbau von Risiken und der Bindung und gleichzeitigen Motivation des Verkäufer-Managements an die verkaufte Unternehmung, hat der Einsatz der Earnout-Methode auch noch Auswirkungen auf die Finanzierung von M&A-Transaktionen. Im Gegenteil zum direkten Kauf, bei dem sofort die gesamte Kaufpreissumme fällig wird, muss bei der Anwendung dieser Methode zunächst nur ein Teil, der vereinbarte Basispreis, sofort gezahlt werden. Die Zusatzzahlungen fallen dagegen, abhängig von den vereinbarten Standards und Zahlungsmodalitäten (vgl. Abschnitte 3.2.2 und 3.4.3), erst in der Zukunft an.

Dies ist für den Käufer begrüßenswert, denn im Falle einer Fremdfinanzierung der Übernahme verringert sich das Finanzierungsvolumen und damit auch die Zinsbelastung,[167] bei einer Finanzierung aus Eigenmitteln, wird seine Liquidität zunächst geschont und die freien Mittel stehen für andere Zwecke zur Verfügung.[168] Zudem hat er während der Earnout-Periode die Möglichkeit, zumindest einen Teil des Zusatzpreises durch den positiven Cashflow des Targets zu finanzieren. Nach *Schrietzer* sind sogar Modelle denkbar, in denen weitere Zahlungen an den Verkäufer ausschließlich dann zustande kommen, wenn das Target die entsprechenden Geldmittel selbst erwirtschaftet hat.[169] Dass der Verkäufer auf diese Weise sozusagen aus den Mitteln seines eigenen Unternehmens bezahlt wird, findet *Pacela* allerdings als unlogisch und zugleich unfair.[170] Bei dieser Einschätzung wird aber ausgeblendet, dass der Käufer ja nun auch einen erheblichen Teil des Risikos trägt und ihm damit auch ein bedeutender Anteil am erwirtschafteten Gewinn zusteht.

Der Finanzierungsfunktion von Earnouts kommt insbesondere dann Bedeutung zu, wenn die Finanzmittel des Käufers begrenzt sind. Dies ist beispielsweise häufig der Fall bei der Nachfolge von Handwerksbetrieben. Dabei ist die Übernahme durch einen Existenzgründer oft die einzige Möglichkeit, das Unternehmen

---

[167] Die zukünftigen Earnout-Zahlungen können als Fremdkapital interpretiert werden, das durch den Verkäufer zur Verfügung gestellt wird. Sie sind investitionstheoretisch daher durch den Verkäufer mit einem kalkulatorischen Zinssatz zu diskontieren. Aufgrund des Informationsvorsprungs des Verkäufers ist dieser Zinssatz aber geringer als der Fremdkapitalzinssatz einer dritten Person, die einen höheren Risikozuschlag fordert.

[168] Ähnlich *Del Roccili, J. A./Fuhr, J. P.* (2001), S. 89.

[169] Siehe *Schrietzer, H.* (2002), S. 6.

[170] So zu finden bei *Pacela, A. F.* (2001), S. 1.

zu verkaufen und gleichzeitig die Altersversorgung des ausscheidenden Eigentümers zu sichern. Dem potenziellen Existenzgründer fehlen aber in der Regel die finanziellen Ressourcen, um den vollen Kaufpreis sofort zu begleichen.[171]

Gleiches gilt auch für die sogenannten *Management-Buy-Outs*, bei denen sich das Management dazu entschließt, selbst die Firma vom Eigentümer zu übernehmen. Die Earnout-Methode ist in beiden Fällen eine geeignete Möglichkeit, das Finanzierungsproblem zu entschärfen.[172]

Ähnliches gilt, wenn der Käufer keine Möglichkeit hat, Kredite bei Banken zu erhalten oder Kapital bei Investoren zu erträglichen Konditionen einzuwerben.[173] Auch hier stellt der Zahlungsaufschub des Verkäufers eine willkommene Finanzierungsalternative dar. So zitieren *Reum/Steele* den Vice President einer großen Gesellschaft mit den Worten: „Any time that I can borrow money from a seller at advantageous prices, I'll do it."[174]

Trotz dieser eindeutigen Finanzierungsvorteile der Earnout-Methode sollte aber die zukünftige finanzielle Belastung nicht aus den Augen verloren werden. Der Käufer verpflichtet sich schließlich, für einige Jahre Zusatzzahlungen zu leisten und leidet später z.B. an einer gesunkenen Börsenbewertung. Als Beispiel dient hierzu die Werbe- und Marketingbranche, in welcher sich die Earnout-Methode seit Jahrzehnten großer Beliebtheit erfreut.[175] Sinkt aber die generelle Börsenbewertung der Branche, müssen die Unternehmungen noch Zahlungsverpflichtungen nachkommen, die aus Zeiten höherer Bewertung herrühren.[176] Eine undurchsichtige Verbuchung bzw. mehrfache nachträgliche Korrektur derartiger Verpflichtungen kann zu erheblichem Vertrauensverlust am Kapitalmarkt führen.[177]

Die Möglichkeit, den Verkäufer als Geldquelle zu nutzen, wird in der Praxis häufig übersehen, obwohl dadurch höhere Summen finanziert werden können als bei reiner Außenfinanzierung.[178] Dies kann im Rahmen einer Auktion mit mehreren

---

171 Vgl. dazu *Behringer, S.* (2004), S. 246.
172 Bzgl. Handwerksbetriebe vgl. *Mulatz, R.* (2001), S. 48; hinsichtlich MBOs vgl. *Weibrecht, C./Fischer, M.* (2003).
173 So *Biggio, S. (*2001), S. 57 sowie *Sherman, A. J.* (1998), S. 137.
174 Vgl. *Reum, R. W./Steele, T. A.* (1970), S. 88.
175 Siehe *Bose, M.* (1992), S. 42 sowie *Griffith, V.* (1990), S. 40.
176 Vgl. dazu *Griffith, V.* (1990), S. 40.
177 Siehe z.B. *Fischer, O.* (2002), S. 5.
178 Vgl. *Sklar, M. L.* (1995), S. 27.

Interessenten entscheidend sein, um den Zuschlag zu erhalten.[179] Die Earnout-Methode schützt den Käufer dabei vor einer unerwartet schlechten Unternehmensentwicklung, bremst ihn aber langfristig bei einer guten Entwicklung nicht aus, da kein Eigenkapital aus Finanzierungsgründen in fremde Hände gegeben werden muss.[180]

[179] So zu finden bei *Sklar, M. L.* (1995), S. 27.
[180] Vgl. *Sklar, M. L.* (1995), S. 28.

5 Herausforderungen bei der Umsetzung einer Earnout-Konstruktion

Wie in Kapitel 4 dargestellt, besitzt die Earnout-Methode zahlreiche Eigenschaften, welche sie als Instrument im Rahmen von M&A-Transaktionen unverzichtbar machen. Trotzdem enden jedoch viele Earnout-Vereinbarungen als Streitfälle vor Gericht, so dass diese Methode von einigen Marktteilnehmern als letztes Hilfsmittel angesehen wird, das nur angewendet werden sollte, wenn sich wirklich keine andere Art der Übernahme realisieren lässt.[181] Dabei kommt es eigentlich „nur“ darauf an, bei der Strukturierung eines Earnouts die richtigen Fragen zu stellen, damit am Schluss keine der beteiligten Parteien enttäuscht ist.[182] Welche kritischen Punkte bei der Erwägung der Earnout-Methode besprochen werden sollten, wird in den folgenden Abschnitten erläutert.

5.1 Komplexität der Vertragsgestaltung

Eine entscheidende Rolle für eine erfolgreiche Anwendung der Earnout-Methode fällt der Formulierung der Earnout-Klauseln im Unternehmenskaufvertrag zu. Kein Detail ist zu klein, als dass auf seine genaue Behandlung im Vertragswerk verzichtet werden kann.[183] Natürlich ist es trotzdem nicht möglich, alle potenziellen Problemfälle schon im Vorfeld zu erahnen und schriftlich zu regeln, aber durch eine möglichst detaillierte Vertragsgestaltung können viele Missverständnisse oder spätere Streitfälle vermieden werden.[184]

Zentraler Bestandteil des Vertrages bildet dabei die Umschreibung der Erfolgsbeteiligung. Wird als Kenngröße beispielsweise der Umsatz gewählt, ist festzulegen, ob es sich dabei um den Brutto- oder Nettoumsatz handelt, ob der in Rechnung gestellte oder nur der bereits bezahlte Umsatz zugrunde gelegt wird und wie der Umsatz zwischen dem Target und dem Käuferunternehmen berücksichtigt werden soll.[185] Wird dagegen eine Ergebnisgröße als Basis für den Zusatzpreis gewählt, müssen sich die beiden Parteien zunächst auf eine Definition einigen (z.B. EBIT, EBITDA, Cashflow, Jahres-

---

[181] So z.B. *Pacela, A. F.* (2001), S. 2 sowie *o.V.* (2002), S. 14.
[182] Vgl. *White, D. J.* (2003), S. 7.
[183] Siehe *Craig, B./Smith, A.* (2003), S. 47.
[184] Ähnlich *Weiser, M. F.* (2004), S. 516.
[185] Vgl. dazu ausführlich *Vischer, M.* (2002), S. 511.

überschuss), den Umgang mit außerordentlichen Erträgen, Aufwendungen sowie anderen Sondereinflüssen regeln und sich auf die anzuwendenden Bilanzierungsvorschriften einigen (z.B. HGB, US-GAAP oder IFRS).[186] Sind derartige Rahmenbedingungen festgelegt, gilt es das genaue Vorgehen bei der Erfolgsermittlung zu regeln. Darunter fallen die Fragen, welche Person bis wann die erste Bilanz zu erstellen hat, wer innerhalb welcher Frist Einsprüche gegen diese Bilanz einlegen kann und in welchem Verfahren und durch wen etwaige Streitpunkte geklärt werden sollen.[187]

Auch mögliche Umstrukturierungen des Targets während der Earnout-Periode sollten im Vertrag geregelt werden. Dabei ist es sowohl denkbar, gewisse Umstrukturierungen komplett zu verbieten als auch sie nur dann zu erlauben, falls es im Vorfeld zu einer beiderseitigen Einigung über die Anpassung der Earn-out-Klauseln kommt.[188]

Ein weiterer wichtiger Punkt in der Vertragsgestaltung beschreibt die Handlungspflichten und Mitwirkungsrechte beider Parteien. Da die meisten unternehmerischen Entscheidungen Gewinn bzw. Umsatz und damit die Höhe der Earnout-Zahlungen beeinflussen, müssen dem Verkäufer Zustimmungsvorbehalte oder Anhörungsrechte eingeräumt werden. Um zukünftige Kompetenzstreitigkeiten zu vermeiden, sollte die genaue Regelung dieser Rechte auch vorgenommen werden, wenn der Verkäufer nach Vertragsabschluss in leitender Stellung im Unternehmen tätig ist.[189]

Zudem sind im Vertrag die Rechenschaftspflichten und Kontrollrechte der beiden Parteien zu klären. Dadurch wird gewährleistet, dass Käufer und Verkäufer einen umfassenden Einblick in den Prozess der Erfolgsermittlung haben. Die Rechte und Pflichten gehen dabei nur so weit, wie sie zur Nachprüfung der die Erfolgsbeteiligung beeinflussenden Faktoren erforderlich sind.[190] Für Geschäftsgeheimnisse, von welchen der Verkäufer im Rahmen der Kontrolle Kenntnis erhält, besteht auch ohne explizite vertragliche Regelung eine Geheimhaltungspflicht.[191]

Des weiteren müssen im Vertragswerk die Folgen bei Nichterfüllung von Vertragspflichten umschrieben werden. Dabei kann es sich beispielsweise um nicht oder nicht fristgerecht geleistete Earnout-Zahlungen oder eine Verletzung der Geheimhaltungspflicht handeln. Der Eintritt eines derartigen Sachverhaltes wird üblicherweise durch

---

[186] Siehe *Vischer, M.* (2002), S. 511.
[107] Vgl. dazu *Vischer, M.* (2002), S. 512 sowie *Weiser, M. F.* (2004), S. 516.
[188] Ähnlich *Vischer, M.* (2002), S. 512.
[189] Siehe *Weiser, M. F.* (2004), S. 516.
[190] So *Vischer, M.* (2002), S. 514.
[191] Vgl. *Vischer, M.* (2002), S. 515.

das Verhängen einer Konventionalstrafe geahndet. Auf ein Rücktrittsrecht wird aufgrund der Schwierigkeiten bei der Rückabwicklung dagegen meist verzichtet.[192] Außerdem sollte die Durchsetzbarkeit der Ansprüche, die dem Verkäufer aus der Earnout-Konstruktion erwachsen, auch im Falle eines Weiterverkaufs des Targets an einen Dritten gewährleistet sein.

Die vielen zusätzlichen, durch die Anwendung der Earnout-Methode notwendigen Vertragsklauseln, erhöhen allerdings die Komplexität des Vertragswerkes und damit häufig das Misstrauen des Verkäufers. Dieser fühlt sich u.U. durch den puren Umfang des Vertrages überrollt und fürchtet im sogenannten „Kleingedruckten" Regelungen zu seinem Nachteil. Dies trifft insbesondere dann zu, wenn es sich beim Käufer um einen professionellen Investor handelt (z.B. multinationalen Konzern oder eine Private Equity Firma), der bei Unternehmenstransaktionen erheblich mehr Erfahrung hat, als beispielsweise ein Unternehmensgründer, der sich von seinem Lebenswerk trennt.

Mit der erhöhten Komplexität des Vertrages steigen zugleich auch die Transaktionskosten, die z.B. für externe juristische Beratung ausgegeben werden müssen. Da die Bezahlung der M&A-Berater zumindest teilweise in Abhängigkeit vom Transaktionsvolumen erfolgt (die sogenannte success fee liegt je nach Transaktionsvolumen zwischen 1 und 5%), ergibt sich noch ein weiteres Problem, denn durch den Einsatz der Earnout-Methode steht der endgültige Kaufpreis bei Vertragsabschluss noch gar nicht fest. Daher ist festzulegen, ob, insbesondere bei einem niedrigen Basispreis, Teile der success fee erst mit der Zahlung des Zusatzpreises geleistet werden, oder ob der Kaufpreis durch ein best, worst oder average case Szenario abgeschätzt wird und dann die gesamte success fee sofort nach Vertragsunterzeichnung abzuführen ist.[193] Sollte als Basis für den Zusatzpreis eine Gewinngröße (EBIT oder EBITDA) gewählt worden sein, ist außerdem festzulegen, ob die Beratungsgebühren, die im Rahmen der Transaktion anfallen, auf den Unternehmenserfolg angerechnet werden können und sie damit die Earnout-Zahlungen verringern.[194]

Da aber beim Einsatz der Earnout-Methode in der Regel auf die Abgabe von Garantien oder die Vereinbarung von non-compete-Klauseln verzichtet werden kann (siehe Abschnitt 4.3), nimmt der Umfang des Kaufvertrages nicht zwangsläufig zu.

---

[192] So auch *Vischer, M.* (2002), S. 515.
[193] Siehe *Krallinger, J. C.* (1997), S. 83 und *Slusser, W. P./Riggs, R.* (1994), S. 214.
[194] Vgl. *Pitt, H. L./Glover, S. I.* (1997), S. B6.

5.1.1 Risiko der Insolvenz des Erwerbers während der Earnout-Periode

Der Einfluss des Earnout-Ansatzes auf die Verteilung des unternehmerischen Risikos und die Verringerung des Risikos, das aus der unsymmetrischen Verteilung der Informationen herrührt, wurde in den Abschnitten 4.1 und 4.2 bereits dargestellt. Während das Handling dieser beiden Risiken durch die Earnout-Methode erleichtert wird, ergibt sich aber insbesondere für den Verkäufer bei ihrer Anwendung eine ganz neue Gefahr. Denn die Auszahlung des Zusatzpreises hängt auch von der zukünftigen finanziellen Lage des Käufers ab.[195]

Dadurch kann es z.B. passieren, dass der Verkäufer vergeblich auf die Überweisung der Earnout-Zahlungen wartet, obwohl das Target die vereinbarten Performance-Ziele erreicht hat, da das Käuferunternehmen in eine finanzielle Schieflage geraten ist, schlimmstenfalls sogar Insolvenz anmelden musste.[196]

Diese Problematik gilt genauso für den sogenannten „unechten Earnout". Dabei wird der Verkäufer zum Fremdkapitalgeber, denn ein Teil des Kaufpreises wird in ein Darlehen verwandelt. Dessen Verzinsung und Rückzahlung sind zwar nicht an den Gang des Unternehmens gekoppelt[197], da aber der neue Eigentümer zur Begleichung der Ansprüche auf die Mittel der Gesellschaft zurückgreifen muss, wird er ebenfalls in Zahlungsschwierigkeiten geraten, wenn es der Firma schlecht geht.[198]

Aus diesen Gründen kann in Earnout-Verträgen eine Rückkaufoption zu einem fest vereinbarten Preis aufgenommen werden. Damit hat der Verkäufer die Möglichkeit, wieder 100% der Gesellschaftsanteile zu für ihn in der Regel vorteilhaften Bedingungen zurückzukaufen.[199] Ohne diesen Schutz wäre er u.U. nur einer von vielen Gläubigern und die Durchsetzung seiner Ansprüche wäre zweifelhaft.[200] Je später es allerdings zu diesem Rückkauf kommt, desto schwieriger ist seine praktische Abwicklung.

Ein anderes und oftmals praktikableres Mittel, das Zahlungsrisiko zu minimieren, stellt die Verwendung eines Treuhandkontos dar (vgl. Abschnitt 3.4.3). Auf dieses zahlt der Käufer den maximal möglichen Betrag des Zusatzpreises ein. Abhängig von der zukünftigen Entwicklung wird dieser Betrag dann schrittweise an den Verkäufer

---

195 Vgl. *Craig, B./Smith, A.* (2003), S. 47; *Del Roccili, J. A./Fuhr, J. P.* (2001), S. 90; *Hempstead, J. E.* (2000), S. 109 sowie *Weiser, M. F.* (2004), S. 517.

196 Siehe dazu *Del Roccili, J. A./Fuhr, J. P.* (2001), S. 90 und *Weiser, M. F.* (2004), S. 517.

197 So *Büchler, U. A.* (2003), S. 2.

198 Vgl. *Büchler, U. A.* (2003), S. 2.

199 Ähnlich *Mendoza, G. S.* (1992), S. 22.

200 Vgl. *Del Roccili, J. A./Fuhr, J. P.* (2001), S. 90 sowie *Mendoza, G. S.* (1992), S. 22.

oder den Käufer ausbezahlt. Bei dieser Variante geht allerdings der Finanzierungsvorteil (vgl. Abschnitt 4.5) für den Käufer vollständig verloren.

5.2 Voraussetzungen und Auswirkungen eines Earnouts auf die Beziehungen der beteiligten Parteien

Neben der Besonderheit der Earnout-Methode, dass sich die Vertragsparteien bei ihrer Anwendung zunächst nicht auf einen endgültigen Kaufpreis einigen müssen, unterscheidet sie sich vom direkten Verkauf insbesondere dadurch, dass sie eine weitere Zusammenarbeit von Käufer und Verkäufer auch nach Vertragsabschluss vorsieht. Diese Kooperation ist von beiden Seiten gewünscht, da dem Verkäufer dadurch die Gelegenheit gegeben wird, an der erfolgreichen Entwicklung des Targets mitzuwirken und damit den Zusatzpreis positiv zu beeinflussen. Der Käufer kann im Gegenzug von der Erfahrung und dem Know-how des Altgesellschafters während der Earnout-Periode profitieren (vgl. Abschnitt 4.4). Doch trotzdem bietet gerade diese gegenseitige Abhängigkeit über die gesamte Laufzeit des Earnouts ein nicht zu unterschätzendes Konfliktpotential.[201]

Die Schwierigkeiten beschränken sich aber nicht nur auf die beiden Vertragsparteien. Auch die mittlere Führungsebene und die übrige Belegschaft muss in den Übernahmeprozess eingebunden werden. Sie erwarten eine offene Kommunikation und eine schlüssige Darlegung der Beweggründe für den Gesellschafterwechsel, denn unvorbereitete Mitarbeiter fühlen sich u.U. unfair behandelt und können mit überraschenden Kündigungen den Betrieb lahm legen.[202] Eine erzwungene Bindung auch hochtalentierter Mitarbeiter ist aus unternehmerischer Sicht trotzdem wenig sinnvoll.[203] Einer Studie zufolge beklagen rund 25% der befragten Unternehmen Probleme bei der Arbeitsmoral im Rahmen von Earnout-Vereinbarungen.[204]

Auch das Verhältnis zwischen Alteigentümer und seinen ehemaligen Untergebenen bietet nach Vertragsabschluss einigen Nährboden für Ungereimtheiten. Für den ehemaligen Eigentümer ist es nämlich häufig ein ungewohntes Gefühl, in „seiner“ Firma nicht mehr als Chef mit uneingeschränkter Autorität zu fungieren. So befindet er sich nun u.U. mit einigen seiner ehemaligen Manager auf der gleichen Hierarchie-

---

[201] Vgl. dazu *Pacela, A. F.* (2001), S. 2.
[202] Siehe *Keller, M.* (2003), S. 97.
[203] Ähnlich *Griffith, V.* (1990), S. 40.
[204] So *Griffith, V.* (1990), S. 40.

ebene und die Spielregeln im Umgang untereinander haben sich dadurch geändert.[205]

Insbesondere gegen Ende der Earnout-Phase ist nicht selten ein weiteres Phänomen zu beobachten, welches das Verhältnis zwischen Käufer und Verkäufer belastet. Der Verkäufer tendiert in den letzten Monaten dazu, krasse Kostensenkungsmaßnahmen vorzunehmen, um den Zusatzpreis zu erhöhen. Der langfristig negative Einfluss dieser Maßnahmen trifft ihn schließlich nicht mehr.[206] So stellt die mangelnde Bereitschaft des Verkäufers, gutes Personal anzuwerben oder die Belegschaft weiterzubilden, den am häufigsten genannten Kritikpunkt der Käufer dar.[207] Als weitere Beispiele für dieses Problem dient die Nichtbesetzung frei gewordener Stellen, der Aufschub von notwendigen Reparaturen der Betriebs- und Geschäftsausstattung oder Teilverkäufe des firmeneigenen Fuhrparks.[208]

Damit der Käufer aber nicht komplett hilflos dem Treiben des Verkäufers ausgeliefert ist, werden zusätzlich zu den Earnout-Klauseln bisweilen zwei weitere Vereinbarungen getroffen. So kann z.B. eine „Kick-out"-Klausel[209] in den Vertrag aufgenommen werden. Auf diese Weise wird dem Käufer die Möglichkeit gegeben, das Verkäufer-Management, z.B. bei gravierendem Fehlverhalten oder schweren Managementfehlern, noch vor Ablauf der Earnout-Periode zu ersetzen.[210] Im Fall des mehrstufigen Unternehmensverkaufs zieht das Eintreten der Kick-out-Klausel den sofortigen und vollständigen Übergang der Unternehmensanteile, meist zu einem geringeren Preis, nach sich.[211] Andererseits kann für das vom Verkäufer selbst gewollte vorzeitige Ausscheiden eine Strafklausel in den Vertrag aufgenommen werden. Derartige Sanktionen können den teilweisen oder sogar vollständigen Wegfall der Earnout-Zahlungen bedeuten.[212]

Vielmehr als beim direkten Kauf sollte also beim erfolgreichen Einsatz der Earnout-Methode die Chemie zwischen Käufer und Verkäufer stimmen, da beide Seiten aufeinander angewiesen sind. Daher ist die Bedeutung der Reputation oder gar

---

205 Siehe dazu *Thévenoz, C.* (2002).
206 Vgl. dazu *Walton, L./Metcalf, B. W./Hamilton, A. H.* (2004), S. 13.
207 Vgl. *Hussey, R.* (1990), S. 105.
208 Ähnlich *Griffith, V.* (1990), S. 40.
209 Alternativ wird in der Literatur auch von einer „disaster clause" gesprochen.
210 Siehe *Freund, J. C.* (1975), S. 222f; *Poitrinal, F.-D.* (1998) sowie *Steele, T. A./Reum, W. R.* (1971), S. 139.
211 Vgl. dazu *Poitrinal, F.-D.* (1998).
212 Vgl. *Poitrinal, F.-D.* (1998).

direkter persönlicher Kontakte der beteiligten Parteien nicht hoch genug einzuschätzen, da sie dazu führen, dass sich Käufer und Verkäufer gegenseitig zu korrektem Verhalten verpflichtet fühlen.[213]

5.3 Einschränkung des Integrationsgrades des Targets

Eine oftmals entscheidende Motivation zum Kauf eines Unternehmens ist die Nutzung von Synergieeffekten. Die damit verbundene Kosteneinsparung wird z.B. durch die Zusammenlegung zentraler Abteilungen wie Rechnungswesen, Personal, IT oder Marketing erreicht.

Eine derartige Verschmelzung des Targets mit seinem neuen Mutterunternehmen oder einem weiteren hinzugekauften Unternehmen, kann allerdings bei der Anwendung der Earnout-Methode zu Schwierigkeiten führen.[214] Die zwei wesentlichen Problemfelder, die sich bei Earnout-Konstruktionen im Rahmen der Post-Merger-Integration ergeben, sollen nun erläutert werden.

- Zurückhaltung bei Investitionsvorhaben

Investitionsvorhaben, die schon innerhalb der Earnout-Periode zusätzliche Gewinne versprechen werden u.U. nicht getätigt, weil sie gleichzeitig zu einem höheren Kaufpreis führen. Dieser Fall ist umso einleuchtender, wenn das dafür benötigte Kapital von der Muttergesellschaft zur Verfügung gestellt wird, denn dann profitiert der Verkäufer zwar von den Erträgen aus der Investition, die Aufwendungen für die Kapitalbereitstellung liegen aber bei der Muttergesellschaft.[215]

An Investitionen und Strukturanpassungen, die sich erst nach Ablauf der Earnout-Periode bezahlt machen, hat dafür der ausscheidende Gesellschafter kein Interesse. Er wird daher im Rahmen der ihm zustehenden Mitspracherechte versuchen, dieses Investitionsvorhaben abzubiegen, was sich zum Nachteil der langfristigen Gesamtentwicklung des Targets auswirken kann.[216]

---

[213] Siehe dazu ausführlich am Beispiel für Wagniskapitalfinanzierungen *Shane, S./Cable, D.* (2002), S. 364-381.
[214] Vgl. *v. Braunschweig, P.* (2002), S. 1817.
[215] Siehe *Behringer, S. (*2004), S. 250 und *v. Braunschweig, P.* (2002), S. 1817.
[216] Ähnlich *Meuli, H. M.* (1996a), S. 82 sowie *Tannon, J. M.* (1990), S. 59.

- Erforderliche Ermittelbarkeit der Targetperformance

Die Höhe des Zusatzpreises basiert, wie in Kapitel 3 beschrieben, auf der zukünftigen Entwicklung des verkauften Unternehmens. Um die Bemessungsgrundlage absolut trennscharf ermitteln zu können, sollte das Target daher möglichst unverändert weitergeführt werden. Während z.B. neue, durch den Käufer hinzugefügte Geschäftsbereiche als eigene Kostenstelle geführt werden können und damit deren Einfluss anhand einer Als-ob-Rechnung isoliert werden kann,[217] ist dies bei einer vollständigen Verschmelzung mit dem Mutterunternehmen nicht mehr durchführbar. Gerade eine rasche Integration und die damit verbundene Zusammenlegung von zentralen Diensten ermöglicht aber die Nutzung der sich durch die Akquisition ergebenden Synergieeffekte und ist von Seiten des Käufers natürlich wünschenswert.[218] Der Einsatz von Earnout-Klauseln wirkt sich daher erschwerend auf die Integration des Targets aus.

Diese eben aufgeführten Argumente sprechen einerseits für einen möglichst kurzen Earnout-Zeitraum[219] sowie andererseits für die Wahl einer Bemessungsgrundlage, die durch eine Integration möglichst nicht beeinflusst wird[220]. Zusätzlich kann dem Käufer eine Buyout Option eingeräumt werden, so dass ihm oder einem Dritten, der Interesse an der Übernahme des Käuferunternehmen hat, die Möglichkeit gegeben wird, die Vermögenswerte des Targets von der Umklammerung des Earnouts vorzeitig zu befreien.[221]

217 Siehe dazu *Behringer, S.* (2004), S. 250.
218 Vgl. *Behringer, S.* (2004), S. 250 sowie *Weiser, M. F.* (2004), S. 517.
219 So *Behringer, S.* (2004), S. 250.
220 Vgl. *Bruner, R. F.* (2004), S. 614.
221 Siehe *Walton, L./Metcalf, B. W./Hamilton, A. H.* (2004), S. 15.

6 Institutionenökonomische Fundierung der Earnout-Methode anhand der Prinzipal-Agenten-Theorie

In den bisherigen Kapiteln wurde der Earnout-Ansatz eher von der praktischen Seite beleuchtet. So wurde gezeigt, dass er beispielsweise geeignet ist, Preisdifferenzen bei Übernahmeverhandlungen zu überwinden und das verkäufereigene Know-how auch für den neuen Eigentümer nutzbar zu machen.

In diesem Kapitel soll nun der wissenschaftstheoretische Hintergrund näher beleuchtet werden, welcher die Earnout-Methode zu einem nutzenstiftenden Instrument macht. Die folgenden Ausführungen basieren dabei auf dem Forschungsansatz der Prinzipal-Agenten-Theorie, welche sich mit den wirtschaftlichen Folgen der Übertragung von Entscheidungskompetenzen beschäftigt.[222] Dieser Forschungsbereich ist spätestens seit *Ross 1973*[223] nicht mehr aus der Neuen Institutionenökonomik wegzudenken und bildet zusammen mit der Property-Rights-Theorie, der Transaktionskostenökonomik und der Public-Choice-Theorie, deren tragende Säulen.[224]

6.1 Grundlagen der Prinzipal-Agenten-Theorie

Bevor im weiteren Verlauf dieses Kapitels der konkrete Einfluss der Prinzipal-Agenten-Theorie auf die Anwendung der Earnout-Methode näher dargestellt wird, gibt der folgende Abschnitt zunächst einen Einblick in die Grundlagen dieses Ansatzes.

6.1.1 Merkmale der Prinzipal-Agenten-Beziehung

Die Definitionsmöglichkeiten einer Prinzipal-Agenten-Beziehung zeigen sich in der Literatur als sehr vielfältig.[225] Eine besonders weite Begriffsbildung findet sich bei *Pratt/Zeckhauser* :"Whenever one individual depends on the action of another, an agency relationship arises."[226] Konkretere Definitionen beschreiben eine Prinzipal-Agenten-Beziehung wie folgt: Eine Partei (Prinzipal) delegiert die Erfüllung einer bestimmten Aufgabe einschließlich der damit verbundenen Entscheidungskompetenzen an eine

[222] Vgl. *Meinhövel, H.* (2004), S. 470

[223] Siehe dazu die Zusammenfassung einzelner Prinzipal-Agenten-Modelle bei *Ross, S. A.* (1973), S. 134-139.

[224] So *Bonus, H./Hellinger C.* (2000), S. 2229. Die Autoren ordnen zudem den Ansatz von Law and Order und die New Economic History der Neuen Institutionenökonomik zu.

[225] So *Meinhövel, H.* (2004), S. 470.

[226] *Pratt, J. W./Zeckhauser, R. J.* (1985), S. 2.

zweite Partei (Agent).[227] Der Agent, der die Tätigkeit im Sinne des Prinzipals durchführen soll, erwirbt im Gegenzug einen nicht zwangsläufig monetären Entlohnungsanspruch.[228]

Das Problem, das sich bei dieser Delegation von Tätigkeiten ergibt, beschreibt allerdings schon *Smith* 1776 am Beispiel eines von den Kapitalgebern eingesetzten Managements: „The directors of such companies, however, being managers rather of other people's money than of their own, it cannot well be expected, that they should watch over it with the same anxious vigilance with which the partners in a private copartnery frequently watch over their own."[229]

Das bedeutet, dass der Prinzipal a priori nicht einfach davon ausgehen kann, dass der Agent die ihm übertragenen Aufgaben bestmöglich im Sinne des Auftraggebers erledigt. Vielmehr muss er damit rechnen, dass der Agent bei der Aufgabenerfüllung seine eigenen persönlichen Ziele verfolgt.[230] Ziel des Prinzipals muss es daher sein, das strategische Handeln des Agenten mit seinen eigenen Zielen gleichzuschalten. Dies wird in der Regel durch ein entsprechendes Anreiz- bzw. Entlohnungssystem erreicht, das es vertraglich festzuhalten gilt.[231]

Neben der Schaffung einer Anreizkompatibilität zwischen den beiden Parteien muss der Vertrag aber zugleich dafür sorgen, dass der Agent einen Mindestnutzen aus der Beziehung zieht. Wird dieses Nutzenniveau, auch Reservationsnutzen genannt, nicht erreicht, wird der Agent von einer Teilnahme absehen.[232] Der Prinzipal steht damit vor der Aufgabe, einerseits den eigenen Nutzen aus der Vertragsbeziehung zu maximieren und zugleich dem Agenten einen Teil der informationsbedingten Rente zuzugestehen. Schließlich besitzt der Agent über seine Eigenschaften, sein Verhalten und die herrschenden Umweltzustände während der Vertragserfüllung einen Informationsvorsprung (siehe ausführlicher unter Abschnitt 6.1.2). Diesen ist er nicht bereit, ohne adäquate Beteiligung an der aus der Vertragsbeziehung entstehenden Rente aufzugeben.[233] Damit entsteht dem Prinzipal im Vergleich zur Situation mit symmetrischer Informationsverteilung ein Nutzenverlust, der als Agency Cost bezeichnet wird.[234]

---

[227] Ähnlich *Bruhl, R. H.* (2003), S. 401 und *Jensen, M. C./Meckling, W. H.* (1976), S. 308.
[228] Siehe dazu *Jost, P.-J.* (2001), S. 11 sowie *Meinhövel, H.* (2004), S. 471.
[229] *Smith, A.* (1776), S. 741.
[230] Vgl. dazu *Bruhl, R. H.* (2003), S. 401; *Jensen, M. C./Meckling, W. H.* (1976), S. 308 und *Jost, P.-J.* (2001), S. 15f.
[231] Ähnlich *Jost, P.-J.* (2001), S. 19.
[232] Vgl. dazu *Jost, P.-J.* (2001), S. 19 sowie *Demougin, D./Jost, P.-J.* (2001), S. 48.
[233] Siehe dazu *Salanié, B.* (1995), S. 6.
[234] Vgl. *Jost, P.-J.* (2001), S. 23.

6.1.2 Informationsasymmetrisch bedingte Vertragsprobleme

Neben der erforderlichen Harmonisierung der Interessen gepaart mit der unterschiedlichen Risikoeinstellung der Vertragspartner (der Prinzipal gilt in der Regel als risikoneutral und der Agent als risikoadvers), bildet die asymmetrische Verteilung von Informationen die zentrale Herausforderung der Vertragsgestaltung.[235] Die sich dabei ergebenden Schwierigkeiten lassen sich in zwei Gruppen einteilen. Liegt das Informationsdefizit des Prinzipals bereits bei Vertragsabschluss vor, besteht das Problem der Antiselektion (Adverse Selection). Erlangt der Agent seinen Informationsvorsprung erst während der Ausführung des Auftrages, besteht ein moralisches Risiko, auch moralische Versuchung genannt (Moral Hazard).

- *Adverse Selection*

Die so genannte Adverse Selection tritt dann auf, wenn es dem Prinzipal nicht, oder nur unter prohibitiv hohen Kosten möglich ist, die notwendigen Informationen über die Eigenschaften des Agenten zu erhalten. Dieser Umstand, der in der Literatur unter Hidden Characteristics behandelt wird, macht es für den Auftraggeber also unmöglich, geeignete Agenten von ungeeigneten zu unterscheiden. Ist sich der Prinzipal dieses Umstands bewusst und versucht er die Folgen einer ungünstigen Agentenauswahl z.B. durch eine geringere Entlohnung abzuschwächen, so nimmt zugleich die Zahl der guten Auftragnehmer ab. Denn diese wissen um ihren Marktwert und verzichten daher auf eine Teilnahme.[236] Damit steigt die Wahrscheinlichkeit, einen ungeeigneten Agenten auszuwählen. Schlussendlich bleiben genau die Kandidaten übrig, die der Prinzipal eben nicht auswählen wollte. Daher der Begriff der Antiselektion.

Zur Illustration dieser Problematik gibt es in der Literatur zahlreiche Beispiele aus ganz unterschiedlichen Branchen.[237] Besonders anschaulich ist dabei der Ge-

---

[235] So *Jost, P.-J.* (2001), S. 23f.
[236] *Jost, P.-J.* (2001), S. 28.
[237] So beschreiben *Amit, R./Glosten, L./Muller, E.* (1990), S. 107 das Phänomen der Antiselektion auf dem Markt für Venture Capital, *Rothschild, M./Stiglitz, J. E.* (1976) veranschaulichen die Antiselektion auf dem Markt für Lebensversicherungen und *Salanié, B.* (1995), S. 5 veranschaulicht die Antiselektion am Beispiel einer Luftfahrtgesellschaft, die versucht ihre Kunden den verschiedenen Preisklassen zuzuordnen.

brauchtwagenmarkt, den *Akerlof* in seinem wegweisenden Aufsatz zur Verdeutlichung dieses Phänomens heranzieht.[238]

Dieser Markt ist geprägt von einer ungleichen Informationsverteilung unter den Marktteilnehmern. Im Gegensatz zum potentiellen Käufer kennt der Verkäufer den Zustand seines Autos bestens. Geht man nun davon aus, dass bzgl. der Qualität der Autos eine Gleichverteilung vorliegt und sehr gut erhaltene Autos € 20.000 wert sind, schrottreife dagegen € 0, wäre es unvernünftig, mehr als € 10.000 für ein Auto durchschnittlicher Qualität zu bieten. Auf dieses Angebot würden all diejenigen Verkäufer eingehen, deren Auto höchstens € 10.000 wert ist. Die übrigen wären nicht zum Verkauf bereit, da sie den guten Zustand ihres Autos kennen. Damit beträgt der Durchschnittswert der bei einem Gebot von € 10.000 zum Verkauf stehenden Autos lediglich € 5.000. Folglich wäre es unvernünftig, mehr als € 5.000 zu bieten. Dies impliziert, dass alle Gebrauchtwägen, die mehr als € 5.000 wert sind vom Markt verschwinden. Führt man dieses Gedankenspiel zu Ende ... bleiben nur noch die schrottreifen Autos übrig.

- *Moral Hazard*

Das moralische Risiko besteht dann, wenn der Auftragnehmer bei der Ausführung der Tätigkeit einen Informationsvorsprung erlangt, den er zu seinem Vorteil ausnutzen kann. Dafür gibt es zwei Erklärungsmöglichkeiten.

Der eine Ansatz wird als Hidden Action bezeichnet. Er bezieht sich auf Situationen, in denen es dem Prinzipal nicht, oder nur unter prohibitiv hohen Kosten, möglich ist, die Handlungen des Agenten zu beobachten.[239] Ferner kann von dem beobachtbaren Arbeitsergebnis nicht auf den Arbeitseinsatz des Agenten geschlossen werden, da das Ergebnis zusätzlich einer zufälligen Störgröße[240] unterworfen ist.[241]

Im Fall der Hidden Information kann der Prinzipal zwar das Verhalten des Agenten beobachten, es aber nicht beurteilen. Das bedeutet, dass der Agent im Rahmen seiner Tätigkeit zusätzliche Informationen über die Ausprägung der Störgröße erhält,

[238] Vgl. ausführlich *Akerlof, G. A.* (1970), S. 629-649 und als Überblick: *Dierickx, I./Koza, M.* (1991), S. 230f.
[239] So *Demougin, D./Jost, P.-J.* (2001), S. 45.
[240] Dies sind insbesondere Umweltzustände, auf deren Ausprägung keiner der Beteiligten Einfluss hat.
[241] Vgl. *Jost, P.-J.* (2001), S. 25 sowie *Meinhövel, H.* (2004), S. 471.

die dem Auftraggeber verborgen bleiben.[242] Der Agent besitzt damit einen Informationsvorsprung bzgl. wahrgenommener und vernachlässigter Chancen und Risiken.[243]

Am Ende dieser kurzen theoretischen Einführung in die Prinzipal-Agenten-Theorie, gibt Abb. 6 nochmals einen abschließenden Überblick über Ursprung und Zeitpunkt der auftretenden Informationsasymmetrie.

	Hidden Action	Hidden Information	Hidden Characteristics
Ursprung des Informationsdefizits	endogen	exogen	exogen
Zeitpunkt des Informationsdefizits	ex post	ex post	ex ante
Vertragsproblem	Moral Hazard	Moral Hazard	Adverse Selection

Abb. 6: Vertragsprobleme bei Informationsasymmetrie
(in Anlehnung an: *Jost, J.-P.* (2001), S. 25)

6.2 Reduktion der Gefahr der Adverse Selection durch den Einsatz der Earnout-Methode

Im Rahmen von M&A-Transaktionen ist das Vorliegen ungleich verteilter Information für beide Seiten gleichermaßen unangenehm. Der Käufer sieht die Gefahr, dass er die Eigenschaften des Targets nicht beurteilen kann und er daher nach Abschluss der Transaktion mit bösen Überraschungen rechnen muss. Die Folgen dieses Risikos kann er durch einen Preisabschlag abmildern.[244] Dies wiederum trifft aber auch den Verkäufer eines *guten* Unternehmens.

Maßnahmen, die darauf abzielen, die Informationsasymmetrie abzubauen, fallen entweder in den Definitionsbereich des Screenings oder Signallings. Im ersten Fall geht die Initiative von der schlechter informierten Seite aus. Sie versucht, z.B. durch Due-Diligence-Prüfungen oder Gutachten externer Sachverständiger die Informationsasymmetrie zu verringern. Diese Maßnahmen verursachen aber nicht nur Kosten, sondern sind auch zeitlichen Restriktionen unterworfen. Zudem hängen sie von

[242] Siehe dazu *Demougin, D./Jost, P.-J.* (2001), S. 45 und 77.
[243] Ähnlich *Meinhövel, H.* (2004), S. 471.
[244] Ähnlich *Coff, R. W.* (1999), S. 147.

Umfang und Güte der vom Verkäufer zur Verfügung gestellten Daten ab.[245] Ein weiteres Screening-Instrument ist die Möglichkeit, dem Agenten verschiedene Vertragstypen (darunter z.B. ein Kaufvertrag mit Earnout-Klausel) anzubieten. Durch die Wahl des für ihn attraktivsten Vertrages gibt der Agent private Informationen über sich bzw. das Unternehmen bekannt.[246]

Das Signalling bezeichnet dagegen Maßnahmen der besser informierten Seite, Signale auszusenden, um nicht beobachtbare Eigenschaften nach außen, insbesondere an potentielle Käufer zu vermitteln.[247] Darunter fällt beispielsweise die Erstellung einer Vendor-Due-Diligence oder die bereitwillige Abgabe von Garantien.[248]

Ein weiteres positives Signal ist die Bereitschaft des Verkäufers, in eine Earnout-Klausel einzuwilligen.[249] Noch glaubwürdiger wird dieses Signal, wenn der Käufer die Aufnahme einer Earnout-Klausel in den Kaufvertrag sogar freiwillig anbietet.[250] Dadurch dokumentiert der Verkäufer seine Bereitschaft, auch nach Vertragsabschluss noch einen Teil des unternehmerischen Risikos zu tragen. Da dieses Entgegenkommen nur zu erwarten ist, wenn der Verkäufer von einer nachhaltig positiven Entwicklung des Targets überzeugt ist, stellt die Earnout-Methode ein positives Selektionskriterium dar.[251]

Die Herausforderungen der Adverse Selection und des glaubwürdigen Signalling stellen für *Dierickx/Koza* die zwei Seiten ein und der selben Münze dar. Der Earnout-Ansatz ist geeignet, diese beiden Probleme, die auf der herrschenden Informationsasymmetrie zwischen den beiden Parteien basieren, deutlich abzumildern.[252] Doch dieser klare Vorteil, der für den Einsatz von Earnout-Klauseln spricht, hat auch eine Kehrseite. Im Gegensatz zum direkten Verkauf, bei dem die Beziehung der beiden Parteien nach Abschluss des Kaufvertrages beendet ist, besteht die gegenseitige Abhängigkeit bei der Anwendung der Earnout-Methode weiter. Durch die Delegation von Entscheidungsbefugnissen an die Geschäftsführung ergibt sich die Gefahr des Moral Hazards, indem die eine Seite ihre privaten Informationen zum Nachteil der anderen Seite ausnützt. Um dies zu vermeiden, müssen entsprechende Maßnahmen

---

[245] Vgl. dazu *Siegert, T./Landwehrmann, S. (*2004), S. 50f.
[246] So *Jost, P.-J.* (2001), S. 29 sowie *Reuer, J. J./Shenkar, O./Ragozzino, R.* (2004), S. 20.
[247] Siehe *Behringer, S. (*2004), S. 248.
[248] Ähnlich *Siegert, T./Landwehrmann, S. (*2004), S. 51.
[249] Vgl. *Weiser, M. F.* (2004), S. 516.
[250] Siehe *Behringer, S. (*2004), S. 248.
[251] So *Kohers, N./Ang, J.* (2000), S. 447 und *Weiser, M. F.* (2004), S. 516f.
[252] Vgl. *Dierickx, I./Koza, M.* (1991), S. 231.

getroffen werden, die ihrerseits mit gewissen Kosten, den sogenannten Agency-Kosten verbunden sind.

6.3 Auswirkungen der Earnout-Methode auf die Agency-Kosten

Jensen/Meckling unterscheiden drei Arten derartiger Wohlfahrtseinbußen.[253] Sie verstehen darunter die Überwachungskosten des Auftraggebers (Monitoring costs), die Kosten des Beauftragten um seiner Rechenschaftspflicht gegenüber dem Prinzipal nachzukommen (Bonding costs) sowie den sogenannten Residualverlust (Residual loss).[254]

Unter Inkaufnahme der Monitoring costs ist es dem Käufer möglich, die Handlungen des Verkäufer-Managements während der Earnout-Periode zu überwachen und zu reglementieren und dadurch Abweichungen von der für Ihn als optimal betrachteten Unternehmensführung zu vermeiden.[255] Die Bonding Costs messen die Ressourcen, die das Management aufbringen muss, um den Prinzipal glaubhaft darüber zu informieren, dass sämtliche Entscheidungen in seinem Sinne gefällt werden. Zudem fallen darunter auch die Mittel, die dem Auftraggeber als Kompensation zustehen, falls Entscheidungen gegen seine Interessen getroffen wurden.[256]

Diese beiden Kostenarten umfassen also alle Anstrengungen, monetärer und nicht-monetärer Art, die nötig sind, um die Informationsdefizite des Käufers über die erbrachte Arbeitsleistung des Verkäufer-Management zu überwinden.[257]

Doch trotz maximaler Anstrengung für Überwachung einerseits und Berichterstattung andererseits bleibt immer eine Divergenz zwischen den vom Management getroffenen Entscheidungen und den Entscheidungen, die den Wohlstand des Prinzipals maximiert hätten.[258] Das monetäre Äquivalent zu diesem Wohlfahrtsverlust des Prinzipals wird Residual Loss genannt und ist ebenfalls Bestandteil der Agency-Kosten.[259] Will man also nun den Einfluss der Earnout-Methode auf die Agency-

---

[253] Ausführlich dazu *Jensen, M. C./Meckling, W. H.* (1976), S. 308.
[254] Vgl. dazu *Jensen, M. C./Meckling, W. H.* (1976), S. 308.
[255] Vgl. *Jensen, M. C./Meckling, W. H.* (1976), S. 308.
[256] So *Jensen, M. C./Meckling, W. H.* (1976), S. 308.
[257] Vgl. hierzu *Meinhövel, H.* (2004), S. 472f.
[258] Siehe *Jensen, M. C./Meckling, W. H.* (1976), S. 308.
[259] Vgl. *Jensen, M. C./Meckling, W. H.* (1976), S. 308.

Kosten analysieren, empfiehlt es sich die drei Kostenkomponenten einzeln zu betrachten.

Die Überwachung (Monitoring) des Verkäufers erscheint bei Anwendung eines Earnouts sinnvoll. Schließlich besteht die Gefahr des Moral Hazards, da der Verkäufer dazu neigen wird, seine Earnout-Zahlung zu maximieren. Dabei sind allerdings zwei Besonderheiten zu beachten. Die Versuchung, sich durch strategisches Verhalten einen Vorteil zu verschaffen, nimmt für den Verkäufer gegen Ende der Earnout-Periode zu, da dann die langfristigen negativen Folgen außerhalb des für den Zusatzpreis maßgeblichen Zeitraums liegen. Würde dagegen das Verkäufer-Management schon zu Beginn der Earnout-Phase Entscheidungen treffen, die lediglich zu einer kurzfristig positiven Entwicklung der Bemessungsgrundlage führen, sich aber mittel- bis langfristig für das Unternehmen als schädlich herausstellen, liefe der Verkäufer selbst Gefahr, gegen Ende der Earnout-Periode von diesen negativen Auswirkungen getroffen zu werden.

Zudem sollte das Monitoring umso intensiver sein, je eher ein strategisches Verhalten durch die Earnout-Formel belohnt wird. Beispielsweise ist die Versuchung die Kosten weit unter ein operativ sinnvolles Maß zu drücken umso größer, je höher die prozentuale Beteiligung des Verkäufers am erwirtschafteten Gewinn ist.[260] Dies gilt insbesondere dann, wenn es darum geht, gewisse Schwellenwerte zu erreichen, bis es überhaupt zu einer Zusatzzahlung kommt.

Können also zu Beginn der Earnout-Periode die Aufwendungen für die Überwachung etwas geringer sein, so empfiehlt es sich aus den aufgeführten Überlegungen, das Monitoring in der zweiten Hälfte der Earnout-Periode zu verstärken.

Die Überlegungen bzgl. der Bonding Costs sind ähnlich. Auf Grund der oben beschriebenen Versuchungen, die natürlich auch dem Käufer bekannt sind, muss der Verkäufer durch glaubwürdige Rechenschaftsberichte die Zielkonformität seiner Entscheidungen mit der Nutzenmaximierungsabsicht des Käufers dokumentieren. Sowohl das Verfassen als auch das anschließende Auswerten dieser Berichte durch den Käufer bindet Ressourcen und verursacht damit Kosten. Auch bei den Bonding Costs ist es möglich, dass sie im Verlauf zunehmen, da die Skepsis des Käufers in

---

[260] Anschaulich dazu *Bose, M.* (1992), S. 44f. und *Hussey, R.* (1990), S. 105.

Bezug auf strategisches Verhalten durch den Verkäufer gegen Ende der Earnout-Periode ansteigen wird.

Die dritte Kostenkomponente, der Residual Loss, entsteht, indem der Beauftragte den zwar engen aber vorhandenen Entscheidungsrahmen, der ihm zur Leitung des operativen Geschäfts im Vertrag zugestanden werden muss, zu seiner Nutzenmaximierung ausnutzt. Dadurch weicht das Ergebnis dieser Vertragsbeziehung zwangsläufig vom Nutzenmaximum des Käufers ab. Diese Abweichung, die weder vertraglich noch durch eine intensive Überwachung vermieden werden kann, wird durch eine Anreizgleichschaltung (vgl. Abschnitt 4.3) für die beiden Vertragsparteien durch eine Earnout-Konstuktion vermindert. Denn wenn beide Partner die gleichen Ziele verfolgen, führt ein strategisches Verhalten des Auftragnehmers nicht nur zur Maximierung seines eigenen Nutzens, sondern auch des Nutzens des Auftraggebers. Auf diese Weise erhält das Verkäufer-Management die notwendigen operativen Freiheiten und fällt seine Entscheidungen trotzdem im Sinne des Käufers.

Auch für die anderen beiden Kostenkomponenten gilt, dass eine optimale Ausgestaltung der Earnout-Klauseln zu einer Absenkung führen sollte. So ermöglicht nach *Traichal/Gallinger/Johnson* eine leistungsorientierte Bezahlung von Managern ein Absenken der Aufwendungen für Überwachung bzw. eröffnen hohe Ausgaben für das Monitoring Einsparpotential im Bereich der leistungsorientierten Bezahlung der Geschäftsführung.[261] Außerdem senken gute persönliche Beziehungen der beiden Vertragsparteien die Wahrscheinlichkeit egoistischen Handelns.[262] Dies führt dann dazu, dass die Ausgaben für Überwachung und Berichterstattung deutlich niedriger ausfallen.

Die vorangegangenen Ausführungen zu den Agency-Kosten bezogen sich auf das Modell, in dem der Verkäufer während der Earnout-Periode das Unternehmen leitet.[263] Verzichtet der Verkäufer dagegen auf diese Möglichkeit, direkt Einfluss auf die Höhe der Earnout-Zahlungen zu nehmen, vertauschen die beiden Akteure ihre Rollen. Der Verkäufer wird zum Prinzipal, der die Aktionen des Käufers überwachen

---

[261] Vgl. dazu *Traichal, P. A./Gallinger, G. W./Johnson, S. A.* (1999), S. 69 und Fn. 1.
[262] So *Uzzi, B./Gillespie, J.* (1999), S. 33.
[263] Dies ist nach Untersuchungen von *Datar/Frankel/Wolfson* auch der gängigere Fall. Bei 61 von ihnen näher untersuchten Transaktionen, die in den Jahren 1996 und 1997 eine Earnout-Komponente miteinschlossen, unterstanden 44 (72,13%) im Anschluss einem Verkäufer-Management und lediglich 17 (27,87%) wurden vom Käufer selbst geführt, vgl. *Datar, S./Frankel, R./Wolfson, M.* (2001), S. 207.

möchte, da dieser sonst den Einfluss auf die Unternehmensleitung zu seinen Gunsten ausnützen kann.[264] Den Käufer treffen dagegen die Aufwendungen für die Berichterstattung. Für den Residual Loss gelten die gleichen Überlegungen: durch eine geeignete Earnout-Konstruktion kann es gelingen, die Ziele des Käufers mit denen des Verkäufers in Einklang zu bringen und dadurch den Wohlfahrtsverlust für den Verkäufer zu minimieren.

Um nun die Vorteilhaftigkeit der Earnout-Methode aus prinzipal-agententheoretischer Sicht abschließend beurteilen zu können, muss zunächst das Risiko, das sich aus der Adverse Selection ergibt, quantifiziert und dann gegen die entstehenden Agency-Kosten abgewogen werden. Eine allgemeingültige Aussage kann allerdings auf Grund der zahlreichen transaktionsindividuellen Parameter, die in einer Earnout-Beziehung eine Rolle spielen, kaum getroffen werden.

---

[264] Siehe *Behringer, S.* (2004), S. 247 und *Datar, S./Frankel, R./Wolfson, M.* (2001), S. 203.

7 Kritische Beurteilung der Earnout-Methode...

Dieses Kapitel dient gewissermaßen als Zwischenfazit, indem es die Vorteilhaftigkeit der Earnout-Methode im Vergleich zum direkten Verkauf jeweils aus Sicht des Käufers und des Verkäufers beleuchtet. Nach dieser Abwägung der Schlüsselfunktionen des Ansatzes und der damit verbundenen Schwierigkeiten, folgt in Kapitel 8 die Diskussion empirischer Daten zur Anwendung der Earnout-Methode in der Praxis. Im abschließenden Kapitel 9 wird ein möglicher Bewertungsansatz für Earnout-Konstruktionen vorgestellt.

7.1 ...aus Sicht des Käufers

7.1.1 Vorteile für den Käufer

Für den Käufer ist die Anwendung der Earnout-Methode mit einer ganzen Reihe von Vorteilen verbunden. So kann er unter seinen bzgl. der zukünftigen Entwicklung des Targets getroffenen Annahmen einen höheren Kaufpreis anbieten, ohne dessen vollständige Zahlung sofort leisten zu müssen.[265] Indem er den Verkäufer als Finanzierungsquelle nutzt, schont er seine eigene Liquidität und verringert den Fremdkapitalbedarf sowie die damit einhergehenden Zins- und Tilgungsverpflichtungen.[266]

Zudem stellt der Earnout-Ansatz für den Käufer eine hervorragende Möglichkeit zur Risikoreduktion dar. Er ist vor den Folgen „schön-gerechneter" historischer Bilanzkennzahlen geschützt, da die Berechnung der Earnout-Zahlungen auf diesen Zahlen basiert und die erforderlichen Schwellenwerte in diesem Fall für den Käufer daher nur schwer zu erreichen sind.[267] Außerdem kann die Hereinnahme einer Earnout-Klausel auch die Dauer der Due-Diligence-Prüfung verkürzen.[268] Ferner liegt es im Wesen der Earnout-Methode, dass nur tatsächlich erreichte Ziele honoriert werden und daher z.B. das zukünftige Marktpotential neu entwickelter Produkte nicht im Vorfeld genauestens bestimmt werden muss. Darüber hinaus ist die Bereitschaft des Verkäufers, in einen Earnout einzuwilligen als positives Signal und damit ebenfalls risikosenkend für den Käufer zu werten.

---

[265] Vgl. *Link, H.* (2003), S. 58.
[266] Ähnlich *Labbé, M.* (2004), S. 121; *Meuli, H. M.* (1996a), S. 81 sowie *Weiser, M. F.* (2004), S. 516.
[267] Siehe *Reum, R. W./Steele, T. A.* (1970), S. 89.
[268] So *Roberts, M. S.* (2004), S. 4.

Durch die Einbindung des Altgesellschafters während der Earnout-Periode[269] gelingt es meist auch, dessen gute Kontakte zu Dritten (Mitarbeitern, Kapitalgebern, Lieferanten, Kunden) ohne Reibungsverluste weiter zu nutzen. Zudem ist dessen Know-how weiterhin zugänglich und er selbst durch das Prinzip des Earnouts ebenfalls an einer möglichst positiven Unternehmensentwicklung interessiert.[270] Im Rahmen dieser Übergabephase hat der Käufer ausreichend Gelegenheit, das Unternehmen zu verstehen, dessen vorhandenes Management einzuschätzen und falls er dieses für ungeeignet hält, ein neues Management durch den Verkäufer einlernen zu lassen.[271]

Ferner kann auf die vertragliche Vereinbarung einer non-compete-Klausel verzichtet werden, deren Zugeständnis sich der Verkäufer in der Regel durch eine Prämie zusätzlich bezahlen lässt.

7.1.2 Nachteile für den Käufer

Den eben aufgeführten Vorteilen stehen aber auf Seiten des Käufers auch einige Einschränkungen gegenüber, die er in seine Überlegungen mit einbeziehen sollte. Das Komplexitätsniveau des Kaufvertrages steigt durch die Hereinnahme einer Earnout-Klausel oftmals an. Dies führt zu erhöhten Transaktionskosten und auf Seiten des Verkäufers u.U. zu einer gewissen Skepsis, da er für ihn nachteilige Detailvereinbarungen fürchtet. Sind die Einzelheiten des Earnouts dagegen vertraglich nicht klar festgehalten, besteht die Gefahr zukünftiger Rechtstreitigkeiten, die sowohl langwierig als auch kostspielig werden können.[272]

Außerdem wird die Integration des Targets in das Mutterunternehmen durch die Anwendung der Earnout-Methode erschwert. Um die Höhe des Zusatzpreises eindeutig zu bestimmen, sollte das übernommene Unternehmen möglichst selbstständig und unverändert weitergeführt werden. Dies verhindert während der Earnout-Periode die Hebung von Synergieeffekten, welche häufig eine der zentralen Motivationen von Unternehmenskäufen darstellt.

---

[269] Alternativ zur Festanstellung kann dies auch durch den Abschluss eines Beratervertrages geschehen, vgl. dazu *Weiser, M. F.* (2004), Fn. 22.
[270] Ähnlich *Bruner, R. W.* (2004), S. 614.
[271] Vgl. hierzu *Del Roccili, J. A./Fuhr, J. P.* (2001), S. 89 und *Reum, R. W./Steele, T. A.* (1970), S. 88.
[272] Ähnlich *Reum, R. W./Steele, T. A.* (1970), S. 90.

Zusätzlich erhält der Käufer im Rahmen der Earnout-Methode nicht sofort die alleinige Kontrolle über die Gesellschaft, sondern muss dem Verkäufer gewisse Mitspracherechte und operative Entscheidungsbefugnisse zugestehen. Dabei läuft er Gefahr, dass seine strategischen Unternehmensziele dem kurzfristigen Ziel des Verkäufer-Managements, der Maximierung der Earnout-Zahlungen, entgegenstehen.[273]

Überdies wird die Flexibilität des übernommenen Unternehmens durch einen Earnout eingeschränkt. Ein Weiterverkauf oder die Verschmelzung mit einem ähnlichen, während der Earnout-Periode zusätzlich erworbenen Unternehmens ist mit erheblichen Schwierigkeiten verbunden.[274]

7.2 ...aus Sicht des Verkäufers

7.2.1 Vorteile für den Verkäufer

Der Verkäufer profitiert ebenfalls von der Anwendung der Earnout-Methode, da sich dieser Ansatz dazu eignet, die unterschiedlichen Preisvorstellungen von Käufer und Verkäufer unter einen Hut zu bringen. Das bedeutet, dass die Transaktion stattfinden kann, obwohl sich die beteiligten Parteien im Rahmen der Preisverhandlungen nicht einigen konnten. Insbesondere in einem unsicheren wirtschaftlichen Klima hat diese „wait-and-see option“ ihren Reiz und sorgt dafür, dass ein Verkauf überhaupt möglich ist.[275]

Des Weiteren wird dem ehemaligen Firmeneigner, der oftmals auch Unternehmensgründer war, das Loslassen von seinem Lebenswerk erleichtert. So ist er während der Earnout-Periode weiterhin als Manager in das Tagesgeschäft involviert, trägt aber nicht mehr das alleinige unternehmerische Risiko. Auch ist durch die Earnout-Methode eine Umstrukturierung oder gar Zerschlagung „seines“ Unternehmens während der Übergangsphase praktisch unmöglich, da zur Ermittlung des Zusatzpreises das Unternehmen ja möglichst unverändert fortgeführt werden sollte.

---

[273] Ähnlich *Sherman, S. J./Janatka, D. A.* (1992), S. 28 und *Meuli, H. M.* (1996a), S. 81.
[274] Vgl. dazu *Meuli, H. M.* (1996a), S. 82 und *Reum, R. W./Steele, T. A.* (1970), S. 90.
[275] So *Craig, S./Smith, A.* (2003), S. 46.

Durch sein Engagement hat der Verkäufer zudem die Möglichkeit, einen höheren Preis zu erzielen als beim direkten Kauf,[276] da er bereit ist, weiterhin einen Teil des Risikos zu tragen. Dadurch sind die zukünftigen Cashflows für den Käufer mit weniger Unsicherheit verbunden, was er mit einer geringeren Diskontierung der Zahlungsströme und der Bereitschaft, einen höheren Kaufpreis zu zahlen, belohnt.[277] Ist der Verkäufer von der Ertragskraft seines Unternehmens überzeugt und stellen sich seine Prognosen bzgl. der zukünftigen Unternehmensentwicklung nachträglich als richtig heraus, erzielt er durch die Anwendung der Earnout-Methode einen höheren Gesamtpreis, als bei einem direkten Verkauf.[278]

Wie für den Käufer ist auch für den Verkäufer eine kürzere Dauer der Due-Diligence-Prüfung begrüßenswert.

7.2.2 Nachteile für den Verkäufer

Trotz dieser eindeutigen Vorteile des Earnout-Ansatzes birgt er für den Verkäufer auch zahlreiche Risiken, die es zu beachten gilt. So trägt der Verkäufer auch nach Unterzeichnung des Kaufvertrages noch einen Teil des unternehmerischen Risikos. Die Tatsache, dass er aber nicht mehr die alleinige Kontrolle über das Unternehmen hat ist insbesondere dann kritisch, wenn der Erlös aus dem Unternehmensverkauf als seine Altersvorsorge dienen soll.[279]

Unter diesem Gesichtspunkt gilt es auch, sich nicht von hohen zukünftigen Zahlungen blenden zu lassen. Es sollten schließlich nur die Barwerte des Zusatzpreises zum Basispreis dazuaddiert werden und dieses Ergebnis als Entscheidungsgrundlage dienen.[280]

Je später die zukünftigen Zahlungen eintreten sollen, desto größer ist die Abhängigkeit des Verkäufers von der finanziellen Lage des Käuferunternehmens. Durch eine positive Entwicklung des Targets erworbene Zahlungsansprüche können jedoch nur von einem liquiden Käufer beglichen werden. Ist dieser dagegen durch seine ande-

---

276 Vgl. dazu *Chatterjee, R./Erickson, M./Weber, J. P.* (2004), S. 17f; Bzgl. des tatsächlich gezahlten Zusatzpreises stellen *Kohers/Ang* in ihrer Studie fest, dass in 46% der untersuchten Transaktionen der Maximalbetrag fällig wurde. Dagegen kam es in nur 9% der Fälle zu überhaupt keiner Earnout-Zahlung. Durchschnittlich wurden 62% des maximalen Zusatzpreises ausgezahlt, vgl. *Kohers, N./Ang, J.* (2000), S. 468f.

277 Siehe dazu *Boyce, G. R./Hewitt, S.* (1998), S. 5.

278 Vgl. hierzu *Lacher, J./Poppe, H.* (1988), S. 1763f.

279 Ähnlich *Pacela, A. F.* (2001), S. 2.

280 So *Pacela, A. F.* (2001), S. 1f.

ren Geschäftsaktivitäten in einen finanziellen Engpass geraten, geht der Verkäufer leer aus.[281]

Ferner muss sich der Verkäufer zweier weiterer, eher psychologischer Umstände bewusst sein. Zum einen darf es ihn nicht stören, dass die Earnout-Zahlungen zumindest zum Teil aus den erwirtschafteten Gewinnen seines Unternehmens geleistet werden, also Zahlungsströmen, die ihm bei Nichtverkauf sowieso zugestanden wären.[282] Andererseits muss ihm klar sein, dass er auch zukünftig unter ständigem Erfolgsdruck stehen wird, wenn er die vereinbarten Standards erreichen will.[283] Entwickelt sich das Unternehmen allerdings trotz seiner Anstrengungen nicht wie prognostiziert, läuft er Gefahr, nur geringe oder sogar gar keine Zusatzzahlungen zu erhalten und damit deutlich weniger zu erlösen, als bei einem direkten Verkauf.[284]

---

[281] Siehe hierzu auch *Del Roccili, J. A./Fuhr, J. P.* (2001), S. 89f und *Weiser, M. F.* (2004), S. 517.
[282] Vgl. *Meuli, H. M.* (1996a), S. 83; *Pacela, A. F.* (2001), S. 1 und *Reum, R. W./Steele, T. A.* (1970), S. 91.
[283] Ähnlich *Reum, R. W./Steele, T. A.* (1970), S. 91.
[284] So *Meuli, H. M.* (1996a), S. 83 und *Weiser, M. F.* (2004), S. 517.

8 Empirische Untersuchungen zur Earnout-Methode

In diesem Kapitel soll die Verbreitung des Earnout-Ansatzes in der Praxis näher beleuchtet werden. Die folgenden Ausführungen stützen sich dabei auf empirische Forschungsarbeiten, welche die historische Entwicklung, die Charakteristika der beteiligten Parteien und die beliebtesten Anwendungsgebiete der Earnout-Methode eingehend untersuchen.

8.1 Anwendungsgebiete von Earnouts in der Praxis

Der Ursprung von Earnout-Transaktionen liegt in den Vereinigten Staaten. Erste Aufzeichnungen über die Anwendung der Methode gibt es im Rahmen der Übernahme von Toni durch Gillette in den Vierzigern des vergangenen Jahrhunderts.[285] Etwa zwanzig Jahre später, als es insbesondere in der Werbebranche darum ging, durch Akquisitionen schnell zu wachsen und zugleich die kreativen Köpfe des Targets zu halten, kommt es dann zum vermehrten Einsatz von Earnout-Klauseln.[286] Durch die Übernahme der in Manchester ansässigen Werbeagentur EG Dawes durch Saatchi & Saatchi 1973, schwappt dieser Trend auch nach Europa.[287] Für *Bose* werden Earnouts geradezu zum Symbol der „booming, bullish, eighties" und in den Vorstandsetagen werden sie zum idealen Mittel zur Übernahme kleiner erfolgsversprechender Unternehmen gekürt.[288] Und auch wenn Earnouts besonders bei der Übernahme nicht-börsennotierter Unternehmen verbreitet sind,[289] so lässt sich in den letzten Jahren feststellen, dass sie auch zunehmend bei der Übernahme größerer Aktiengesellschaften angewandt werden.[290] Folglich haben sich Earnouts ihren festen Platz im M&A-Instrumentarium erobert.

Genaue Zahlen zur Anwendungshäufigkeit von Earnouts liegen nur in begrenztem Maße vor. Zudem schwanken diese stark in Abhängigkeit von verwendeter Daten-

---

285 Vgl. dazu *Bose, M.* (1992), S. 42.
286 Siehe dazu *Griffith, V.* (1990), S. 40.
287 Vgl. ebenfalls *Griffith, V.* (1990), S. 40.
288 Siehe *Bose, M.* (1992), S. 42.
289 So *Datar, S./Frankel, R./Wolfson, M.* (2001), S. 217 und 227 sowie *Tannon, J. M.* (1990), S. 58.
290 Vgl. *Pitt, H. L./Glover, S. I.* (1997), S. B5. Sie zählen 1986 bei Übernahmen von Aktiengesellschaften gerade mal 25 Earnout-Transaktionen mit einem Gesamtvolumen von $ 2,8 Mrd., 1991 waren es bereits 120 ($ 3,5 Mrd.) und 1996 sogar rund 170 derartiger Transaktionen im Gesamtwert von $ 12,2 Mrd.

quelle, ausgewähltem Zeitraum sowie Sitz der beteiligten Unternehmen.[291] Mit 1,7%[292] bis 5,9%[293] ist der Anteil von Transaktionen, bei denen ein Earnout zum Einsatz kommt, daher nur sehr grob eingrenzbar.[294] Für US-Transaktionen, deren Volumen $ 250 Mio. nicht übersteigt, nennt *Harris* sogar eine Anwendungshäufigkeit von knapp 10%.[295]

Bei der Frage der Anwendungshäufigkeit von Earnout-Klauseln erweist sich aber eine eingehende Analyse lohnenswert, da sich in Abhängigkeit von Branche, Internationalität, M&A-Erfahrung und Rechtssystem zum Teil deutlich unterschiedliche Ergebnisse feststellen lassen. Empirische Studien belegen, dass in Wirtschaftszweigen, in denen immaterielle Vermögenswerte und Humankapital eine zentrale Rolle spielen, beispielsweise in der High-Tech-Industrie und im Dienstleistungssektor, die Anwendung der Earnout-Methode signifikant häufiger erfolgt.[296] So liegt der Anteil der Transaktionen im Bereich des Computer- und Software Großhandels, die eine Earnout-Vereinbarung vorsehen, in der Studie von *Datar/Frankel/Wolfson* bei fast 13% verglichen mit durchschnittlich 4,1% für alle der 38.706 untersuchten Übernahmen.[297]

Zudem stellen die Autoren fest, dass in Branchen, in denen eine intensive M&A-Aktivität herrscht und damit zahlreiche Vergleichstransaktionen zur Verfügung stehen die Unsicherheit bei der Bewertung des Targets abnimmt und daher der Earnout-Ansatz lediglich in 2,6% aller Übernahmen Anwendung findet.[298] Des Weiteren wird bei branchenübergreifenden Transaktionen vermehrt auf die Earnout-Methode zurückgegriffen.[299] Dies lässt sich für länderübergreifende Akquisitionen nicht feststellen, ein Umstand, den *Datar/Frankel/Wolfson* u.a. auf die unterschiedlichen

---

[291] So *Weiser, M. F.* (2004), S. 515.

[292] Vgl. *Reuer, J. J./Shenkar, O./Ragozzino, R.* (2004), S. 25; als Datenbasis dienten US-Firmen, die in den Jahren 1995-1998 internationale Transaktionen tätigten.

[293] Vgl. *Chatterjee, R./Erickson, M./Weber, J. P.* (2004), S. 9; die Untersuchungen bezogen sich in dieser Studie auf internationale Transaktionen von in Großbritannien ansässigen Unternehmen im Zeitraum von 1998-3/2003.

[294] *Weiser* geht zudem davon aus, dass die vorliegenden Zahlen die tatsächliche Anwendungshäufigkeit der Earnout-Methode eher unterschätzen, da sie vornehmlich beim Erwerb kleinerer, nichtbörsennotierter Unternehmen zum Einsatz kommt und über derartige Transaktionen in der Regel kaum öffentlich zugängliche Informationen vorliegen, vgl. *Weiser, M. F.* (2004), S. 515f.

[295] Vgl. *Harris, R.* (2002), Anhang A; Kennzahl ermittelt für den Zeitraum 1.1.2002 - 24.4.2002.

[296] Vgl. dazu *Datar, S./Frankel, R./Wolfson, M.* (2001), S. 228; *Kohers, N./Ang, J.* (2000), S. 456; *o.V.* (1999), S.35 und *Reuer, J. J./Shenkar, O./Ragozzino, R.* (2004), S. 28; bzgl. des Humankapitals insbesondere: *Coff, R. W.* (1999), S. 153.

[297] Siehe *Datar, S./Frankel, R./Wolfson, M.* (2001), S. 222.

[298] Siehe hierzu *Datar, S./Frankel, R./Wolfson, M.* (2001), S. 223.

[299] So *Datar, S./Frankel, R./Wolfson, M.* (2001), S. 227 und *Kohers, N./Ang, J.* (2000), S. 456.

Rechnungswesensnormen und die damit drohenden Streitigkeiten bei der Berechnung der Höhe des Zusatzpreises zurückführen.[300]

In diesem Zusammenhang sei aber auch auf mögliche gesetzliche Beschränkungen von Earnouts hingewiesen. So untersagt das in den USA gültige „Stark"-Statute beispielsweise die Vereinbarung solcher Klauseln bei der Übernahme einer Arztpraxis durch ein Krankenhaus. Bleibt der Arzt nämlich zunächst weiterhin in seiner Praxis tätig, könnte er dazu neigen, Patientenüberweisungen vermehrt in das übernehmende Krankenhaus vorzunehmen, um dadurch die Zahlungsfähigkeit des Käufers positiv zu beeinflussen.[301]

Unternehmen, die bereits Erfahrung im M&A-Bereich sammeln konnten und derartige Transaktionen für sie daher mit weniger Unsicherheit verbunden sind, wenden Earnout-Klauseln seltener an.[302] Dabei ist es unerheblich, ob die M&A-Erfahrung im Rahmen von nationalen oder internationalen Transaktionen gewonnen wurde.[303] Zu ähnlichen Ergebnissen kommen *Datar/Frankel/Wolfson* für den Fall, dass das Target-Management selbst Teil des Käufer-Teams ist.[304] Da es sich beim Käufer in solchen Situationen um einen Insider handelt, liegt praktisch keine Informationsasymmetrie vor und auf die Anwendung von Earnout-Klauseln kann verzichtet werden.[305]

Ferner lässt sich eine positive Korrelation zwischen dem Einbezug von Earnout-Klauseln und dem Anteil am übernommenen Eigenkapital des Targets feststellen. Umso höher die Beteiligung am Eigenkapital und damit auch das übernommene Risiko, desto eher wird eine performance-basierte Kaufpreisermittlung im Kaufvertrag verankert.[306] So sprechen *Reuer/Shenkar/Ragozzino* von einem „substitution effect of contingent payouts and partial acquisitions".[307]

Kohers/Ang ermitteln zudem für bezogen auf das Transaktionsvolumen relativ kleine Käuferunternehmen eine erhöhte Bereitschaft zur Anwendung von Earnout-

---

300 Vgl. hierzu *Datar, S./Frankel, R./Wolfson, M.* (2001), S. 227.
301 Ähnlich *Walton, L./Metcalf, B. W./Hamilton, A. H.* (2004), S. 26.
302 Siehe *Reuer, J. J./Shenkar, O./Ragozzino, R.* (2004), S. 28.
303 So ebenfalls *Reuer, J. J./Shenkar, O./Ragozzino, R.* (2004), S. 27.
304 Siehe *Datar, S./Frankel, R./Wolfson, M.* (2001), S. 227.
305 Allerdings verweisen *Datar/Frankel/Wolfson* auf die äußerst geringe Datenbasis in dieser Frage, sodass dieses Ergebnis zwar plausibel, aber kaum empirisch untermauert ist, vgl. *Datar, S./Frankel, R./Wolfson, M.* (2001), S. 227.
306 Vgl. dazu *Reuer, J. J./Shenkar, O./Ragozzino, R.* (2004), S. 28.
307 *Reuer, J. J./Shenkar, O./Ragozzino, R.* (2004), S. 27.

Klauseln.[308] Dies wird damit begründet, dass eine mögliche Fehlbewertung des Targets umso verheerendere Folgen für den Käufer hat, je höher das Transaktionsvolumen ist.[309] Daher sucht der Käufer gerne das risikovermindernde Moment von Earnout-Klauseln.

Auch das Rechtssystem eines Landes hat Einfluss auf die Anwendungshäufigkeit der Earnout-Methode. So begünstigt ein besserer Investorenschutz und eine leichtere Vollstreckbarkeit, wie es beispielsweise das US-amerikanische oder britische Recht im Gegensatz zum deutschen oder französischen Zivilrecht bieten, die Vereinbarung komplexerer Vertragsklauseln.[310]

8.2 Reaktionen des Kapitalmarkts auf Ankündigungen von Earnouts

Da sich der Earnout-Ansatz insbesondere bei Übernahmen, die einer starken Informationsasymmetrie unterliegen, etabliert hat, stellt sich die Frage, ob der Kapitalmarkt die für den Käufer günstigere Risikoverteilung im Vergleich zum direkten Kauf honoriert. Nach der Hypothese der effizienten Märkte werden neue Informationen umgehend in der Börsenbewertung berücksichtigt. So führen positive Nachrichten kurzerhand zu signifikanten Kursaufschlägen.[311]

Über die Frage, ob die Anwendung der Earnout-Methode im Rahmen von M&A-Transaktionen als positive Information gesehen werden kann, herrschen verschiedene Ansichten. Einerseits seien derartige „mehrdimensionale Verhandlungspakete" durch die sich dabei ergebenden Interpretationsspielräume in der Öffentlichkeit leichter zu rechtfertigen.[312] Anderseits trägt der Abschluss von Earnout-Klauseln die vorliegende Unsicherheit über die zukünftige Performance des Targets und die Meinungsverschiedenheiten bzgl. Preisvorstellung der beteiligten Parteien nach außen.[313]

---

[308] Siehe dazu *Kohers, N./Ang, J.* (2000), S. 457.
[309] So *Kohers, N./Ang, J.* (2000), S. 459.
[310] Vgl. *Kohers, N./Ang, J.* (2000), S. 457 und *Reuer, J. J./Shenkar, O./Ragozzino, R.* (2004), S. 24.
[311] Vgl. dazu z.B. die Studien von *Barber, B. M./Loeffler, D.* (1993); *Busse, J. A./Green, C. T.* (2002) und *Womack, K. L. (2001),* welche einen signifikanten und raschen Einfluss von Analystenempfehlungen auf den Aktienkurs nachweisen und damit auf einen hohen Grad an Markteffizienz schließen.
[312] So *Janich, J.* (1992), S. 3.
[313] Ähnlich *Harris, R.* (2002).

Diese unterschiedlichen Argumentationen nahmen *Kohers/Ang* zum Anlass, um in ihrer Studie 938 im Zeitraum vom 1. Januar 1984 bis zum 30. Juni 1996 abgeschlossenen Earnout-Transaktionen und die Kapitalmarktreaktionen darauf, näher zu untersuchen.[314] Während die meisten Studien, die sich mit Kapitalmarktreaktionen infolge von Fusionsankündigungen beschäftigen, keine eindeutig positiven oder häufig sogar signifikant negativen Kurseffekte am Tag des bekannt Werdens feststellen[315], ermitteln die Autoren für die Übernahmen mit Earnout-Vereinbarung klare Kursaufschläge. So erwirtschaften die Titel des Käufers am Tag der Ankündigung der Transaktion eine durchschnittliche Überrendite von 1,356%. Damit entspricht der allein am ersten Tag eintretende Marktkapitalisierungszuwachs bereits 19,1% des Transaktionsvolumens. Am Tag 1 nach der Ankündigung erfahren die Aktien des Käufers eine weitere Aufwertung im Vergleich zum Gesamtmarkt von 0,764%.[316]

Besonders deutlich wird dieser Effekt bei der Übernahme nicht-börsennotierter Unternehmen. Wie aus Abb. 7 zu entnehmen ist, erfahren die Aktien des Käufers dabei deutlich höhere Aufschläge, wenn eine Earnout-Vereinbarung getroffen wird, im Vergleich zu einer Zahlung des Kaufpreises in bar oder in Aktien. Die kumulierte abnormale Rendite (CAR) beim Erwerb nicht-börsennotierter Targets beträgt für das 31-Tage Fenster rund um den Tag der Ankündigung im Falle von Earnouts 5,39%, bei Barzahlung 1,45% und bei Übernahme durch Aktien 1,13%.[317] Beim Kauf von Tochtergesellschaften fällt dieser Unterschied auf Basis der 2-Tages CARs weniger deutlich aus (Earnout 2,11%, Bar 1,47%, Aktien 1,96%), was die Autoren auf die dank der Segmentberichterstattung geringere Informationsasymmetrie zurückführen.[318]

---

[314] Vgl. dazu ausführlich *Kohers, N./Ang, J.* (2000), S. 460-475.
[315] Eine Auswahl dieser Untersuchungen findet sich bei *Kohers, N./Ang, J.* (2000), Fn. 12.
[316] Siehe *Kohers, N./Ang, J.* (2000), S. 461.
[317] Vgl. *Kohers, N./Ang, J.* (2000), S. 462.
[318] So *Kohers, N./Ang, J.* (2000), S. 462 und 466.

Day	Earnout Sample Abnormal Return	Earnout Sample t-Statistic	Cash Offer Abnormal Return	Cash Offer t-Statistic	Stock Offer Abnormal Return	Stock Offer t-Statistic
−15	−.014	−.179	−.271	−3.286**	.089	.633
−14	.069	.449	.099	1.724⁺	−.211	−1.775⁺
−13	−.221	−.521	−.079	−1.956⁺	−.127	−.902
−12	.780	2.881**	−.171	−3.146**	.181	.386
−11	.106	.675	−.170	−3.180**	.142	.110
−10	−.203	−.828	−.064	−.565	−.014	−.299
−9	.264	1.830*	.145	1.707⁺	−.112	−.211
−8	.188	.723	−.004	−.270	−.059	−.514
−7	.237	.351	.012	.975	−.235	−1.382
−6	.117	.235	.110	.315	−.094	−.066
−5	.148	.887	−.056	−.612	.103	.490
−4	.499	1.341⁺	.064	.546	.096	.906
−3	.489	.908	.217	1.543	.214	.614
−2	.204	1.104	.104	1.386	.307	2.761**
−1	−.003	−1.420⁺	−.059	−.651	.190	.681
0	**1.348**	**5.912****	**.867**	**11.042****	**.868**	**6.713****
1	**.823**	**2.894****	**.933**	**10.136****	**.258**	**2.505***
2	−.196	−.497	.013	.315	−.016	−.432
3	.448	1.157	−.335	−4.269**	−.266	−.306
4	−.041	−.762	−.012	−1.021	−.147	−.854
5	−.002	−.131	−.032	−.363	.085	.799
6	.242	.583	−.026	−.268	−.048	−.839
7	−.037	−.098	.152	2.691**	−.063	−.227
8	−.160	−.151	−.029	−.195	−.251	−1.855⁺
9	−.408	−1.174	.023	1.008	−.136	−1.040
10	.240	.831	−.085	−.895	−.088	−1.999*
11	−.077	−.425	.016	.696	−.100	−.440
12	.285	.529	.024	.648	−.369	−3.660**
13	.269	1.843*	−.063	−.107	−.054	−.506
14	.075	.053	−.200	−2.951**	−.095	−.507
15	−.089	−.822	.074	.584	−.013	−.249

NOTE.—The comparison sample consists of all private target takeovers in which the transaction value falls within 2 standard deviations of the mean transaction value for the earnout sample involving private targets. The number of mergers involving cash transactions is 1,485; stock transactions is 949; and those using earnouts is 308. The significance of the t-statistics are based on two-sided tests for cash offers and stock offers and on a one-sided test for the earnout offers. See text for discussion of boldfaced rows.

⁺ Significant at the .10 level.

* Significant at the .05 level.

** Significant at the .01 level.

Abb. 7: Überrenditen der Aktien des Käufers bei der Anwendung der Earnout-Methode

(Quelle: *Kohers, N./Ang, J.* (2000), S. 463)

Kohers/Ang kommen daher zu dem Schluss, dass die Wahl von Earnouts als Zahlungsmittel im Vergleich zur Barzahlung oder zur Zahlung in Aktien dem Käufer einen eindeutigen Zusatznutzen in Form einer höheren Börsenbewertung bieten.[319]

Dies belegen sie durch die Analyse der 2-Tages CARs (siehe Abb. 8) insbesondere für Übernahmen im High-Tech- und Dienstleistungsbereich sowie für branchen- und länderübergreifende Akquisitionen.

Die Autoren gehen im weiteren Verlauf ihrer Untersuchungen auch auf die Frage ein, inwieweit der Markt dabei Fehleinschätzungen unterliegt. Sie kommen dabei zu dem Ergebnis, dass das 2-Tages CAR der Aktientitel der Käufer von Targets, die keinen Zusatzpreis erwirtschaften, negativ ist (-1,75%) und sich damit signifikant von den Fällen unterscheidet, bei denen es zu einer zumindest teilweisen Zahlung des Earnouts kommt (+3,98%).[320]

Der Markt ist demzufolge in der Lage, schon im Vorfeld richtig einzuschätzen, ob sich das Target gut entwickeln wird und es damit zu Earnout-Zahlungen kommt oder nicht. Allerdings kann er nicht differenzieren, ob der maximale Zusatzpreis bezahlt wird oder nur ein Teil davon.[321]

[319] Siehe *Kohers, N./Ang, J.* (2000), S. 464f.
[320] Siehe *Kohers, N./Ang, J.* (2000), S. 472.
[321] So *Kohers, N./Ang, J.* (2000), S. 472.

	High-Tech Takeovers (%)	Service Firm Takeovers (%)	Cross-Industry Takeovers (%)	Cross-Border Takeovers (%)
A. 2-day CARs for acquirers in mergers with high information asymmetry:				
Earnouts	2.56**	2.85**	2.41**	2.08**
N	157	129	287	55
Nonearnouts	1.01**	.89**	1.43**	−.25
N	738	538	1,982	76
Difference in means, *t*	2.10 (.0368)	2.46 (.0228)	2.29 (.0228)	3.24 (.0017)
B. 2-day CARs for small acquirers in mergers with high information asymmetry:				
Earnouts	2.90**	3.10**	2.70**	. . .
N	140	113	253	
Nonearnouts	1.33**	1.21**	1.33**	. . .
N	553	389	1,444	
Difference in means, *t*	1.89 (.0598)	2.09 (.0384)	2.85 (.0043)	. . .

NOTE.—The average 2-day cumulative abnormal returns (CARs) are provided for acquirers in private target takeovers involving high levels of asymmetric information. The dimensions of information asymmetry used—high-tech takeovers, service firm takeovers, cross-industry takeovers, and cross-border takeovers—are based on the asymmetric information proxies discussed in the hypothesis section. The shareholder wealth effects are broken down into earnout offers versus nonearnout offers, i.e., cash offers and stock offers. Panel A shows CARs for bidders using earnouts and those using other methods of payment in takeovers of high-tech targets, service firms, targets in different industries from their acquirers (i.e., targets whose four-digit SIC code differs from their acquirer's), and cross-border acquisitions, respectively. Panel B presents another asymmetric information proxy by focusing on the CARs for small bidders in high-tech, service firm, and cross-industry takeovers. This subset of small bidders includes those for which the market value of equity is less than or equal to the mean market value for bidders using earnouts to purchase privately held targets. The *t*-statistics, testing for significant differences in the mean CARs for earnout and nonearnout mergers, are shown along with their *p*-values in parentheses.

** Significant at the .01 level.

Abb. 8: Überrenditen der Aktien des Käufers im Rahmen von Übernahmen, bei denen ein hohes Niveau an Informationsasymmetrie vorliegt

(Quelle: *Kohers, N./Ang, J.* (2000), S. 465)

9 Optionscharakter von Earnout-Modellen

Im letzten Kapitel soll ein Forschungsansatz näher beleuchtet werden, der die Parallelen zwischen Earnout-Konstruktionen und Finanzoptionen untersucht. Diese Idee geht auf *Bruner* zurück, der daraus eine Bewertungsmöglichkeit von Earnout-Konstruktionen anhand der Monte-Carlo-Simulation ableitet.[322]

9.1 Parallelen zu Finanzoptionen

„An option is the right, not the obligation, to do something."[323] Ausgehend von dieser Definition einer Option liegt der Gedanke nahe auch eine Earnout-Konstruktion diesen Finanzinstrumenten zuzuordnen. Die Grundidee eines Earnouts ist vergleichbar mit einer Kaufoption auf eine Aktie. Zwar sind letztere deutlich weniger komplex und auf Grund des hohen Standardisierungsgrades an der Börse handelbar, aber auch deren Wert leitet sich aus der Entwicklung eines Basiswertes ab.[324] Bei beiden Instrumenten profitiert der Halter von einer positiven Entwicklung des zugrunde liegenden Unternehmens. Einen Überblick über weitere Parallelen z.B. bzgl. Laufzeit, Auszahlungen oder zugrundeliegendem Risiko gibt Abb. 9.

[322] Siehe dazu *Bruner, R. F.* (2004), S. 609-635 und *Bruner, R. F.* (2001), S. 1-21.
[323] *Bruner, R. F.* (2004), S. 615.
[324] Vgl. dazu *Bruner, R. F.* (2004), S. 615.

	Call Options on Common Stock	**Earnouts**	**Implications for Value of the Earnout**
Underlying asset	Shares of common stock.	Some index or measure of financial or operating performance.	The earnout is a derivative security.
Exercise price	The stated strike price of the options contract.	Any benchmark, hurdle, or triggering event, beyond which the earnout provision starts paying off.	The lower the levels of performance of the benchmark or target, the greater the value of the earnout.
Price of the underlying asset	Share price of the underlying common stock.	The level of the index or measure of performance.	The higher the performance of the underlying index, the greater the value of the earnout.
Interim payouts	Dividends.	Any interim cash flows associated with the earnout.	The higher the interim payout, the lower the value of the earnout after payment.
Term of the option	At original issue, contracts are for three, six, or nine months.	Typically as long as five years.	The longer the remaining life of the earnout, the more valuable. This is generally the second most important driver of option value.
Uncertainty	Volatility of returns on the underlying asset.	Uncertainty about the performance of the underlying index to which the earnout is pegged.	The greater the uncertainty (or volatility), the more valuable the earnout. This is generally the most important driver of option value.

Abb. 9: Vergleich von Earnout-Konstruktionen mit einer Kaufoption auf Aktien
(In Anlehnung an: *Bruner, R. F.* (2004), S. 616)

Die Analogie der beiden Instrumente zeigt sich auch im Wert, den man Ihnen zuschreibt. Wie Finanzoptionen haben auch Earnouts dann einen Wert, wenn sie aus dem Geld sind, d.h. die relevante Kennzahl sich aktuell unterhalb der notwendigen Schwelle aufhält. Schließlich bieten sie die Chance auf zukünftige Zahlungsströme und bei guter Entwicklung des Targets erweist sich die Verankerung einer Earnout-Klausel für den Verkäufer als durchaus lukrativ.[325]

[325] Ähnlich *Bruner, R. F.* (2004), S. 615.

Genauso wie Optionen eignet sich eine Earnout-Konstruktion unter bestimmten Bedingungen als maßgeschneiderte Lösung zur Überwindung vorliegender Unsicherheiten. Wie am Terminmarkt basiert auch die Anwendung der Earnout-Methode auf den unterschiedlichen Erwartungen der beteiligten Parteien. So fühlen sich beide Seiten zum Zeitpunkt der Vereinbarung einer Earnout-Klausel im Vorteil, da sie bei deren Bewertung ihr eigenes, positives (Verkäufer) bzw. negatives (Käufer) Szenario für die zukünftige Performance der übernommenen Gesellschaft unterstellen.[326]

Dieser Einfluss des subjektiven Blickwinkels auf die Bewertung von Earnout-Klauseln soll im folgenden Abschnitt anhand eines Beispieles illustriert werden.

9.2 Bewertung von Earnouts mittels Monte-Carlo-Simulation

Bei der Bewertung zukünftiger Zahlungsströme wird in der Praxis häufig derjenige ausgewählt, der als am wahrscheinlichsten gilt und dieser wird auf den heutigen Zeitpunkt abgezinst.[327] Dabei wird laut *Bruner* der Fehler begangen, dass der dann ausgewählte Zahlungsstrom als sicher betrachtet wird und es wird nicht in adäquatem Maße berücksichtigt, dass es sich trotzdem um Zahlungsströme handelt, die der Unsicherheit unterliegen.[328]

Durch die näherungsweise Bestimmung von Zufallsgrößen durch die Monte-Carlo-Simulation wird diesem Umstand Rechnung getragen und der Wert eines Earnouts durch Berücksichtigung seines Optionscharakters nicht mehr unterschätzt.[329] Dabei handelt es sich um ein stochastisches Verfahren zur Erzeugung künstlicher Stichproben. Bei seiner Anwendung wird der zu untersuchende Zufallsprozess mit Hilfe von leistungsfähigen Rechnern tausendfach durchlaufen (simuliert), um möglichst genaue Rückschlüsse auf die Verteilungsfunktion des Gesamtergebnisses gewinnen zu können.[330] Anhand einer graphischen Darstellung der gewonnenen Resultate (siehe Abb. 10b und 10d) kann z.B. die Wahrscheinlichkeit abgelesen werden, mit der es zur Erreichung bestimmter Werte kommt (z.B. von im Kaufvertrag festgelegten Mindest- oder Höchstzahlungen).[331] Allerdings gilt zu beachten, dass die Ergebnisse

---

[326] Siehe dazu *Bruner, R. F.* (2004), S. 616f.
[327] So *Bruner, R. F.* (2004), S. 623.
[328] Siehe hierzu *Bruner, R. F.* (2004), S. 623 sowie *Bruner, R. F.* (2001), S. 13.
[329] Vgl. ebenso *Bruner, R. F.* (2004), S. 623 sowie *Bruner, R. F.* (2001), S. 13.
[330] Vgl. dazu *Vargas, R. V.* (2004), S. CSC.16.4.
[331] Ähnlich *Wendling, R. W./Lorance, R. B.* (1999), S. RISK.08.3.

der Monte-Carlo-Simulation selbst bei einer sehr hohen Anzahl von Wiederholungen immer noch einer gewissen Zufälligkeit unterliegen.

Im folgenden Beispiel werden zunächst die Planungen von Käufer und Verkäufer präsentiert und dann auf deren Basis eine subjektive Bewertung der Earnout-Option durch Anwendung der Monte-Carlo-Methode vorgenommen. Dabei lässt sich erkennen, dass beide Seiten zu sehr unterschiedlichen Wahrscheinlichkeiten kommen, zu denen bestimmte Werte erreicht werden.

Beispiel 3:

Der Fußballverein SpVgg Ruhrpott ist wegen einer anhaltenden sportlichen Misere in finanzielle Schwierigkeiten geraten und beabsichtigt, seine Tochtergesellschaft Shirt&Short GmbH, die mit der Herstellung und dem Vertrieb von Merchandiseartikeln betraut ist, zu verkaufen (in 2004 betrug der Umsatz von Shirt&Short € 20 Mio.).

Da der Vorstand der SpVgg Ruhrpott mit dem Erlös die Verpflichtung zahlreicher junger Fußballtalente plant, sieht seiner Ansicht nach der Verein und damit auch die Shirt&Short GmbH rosigen Zeiten entgegen. Der Vorstand bewertet die Tochtergesellschaft daher mit € 10 Mio. Der Käufer, Privatinvestor Ulrich H., sieht die zukünftige Entwicklung der Shirt&Short GmbH zahlreichen Risiken unterworfen und bewertet das Unternehmen in Anbetracht der derzeitigen Lage der SpVgg Ruhrpott mit lediglich € 8 Mio.

Auf Grund der unterschiedlichen Preisvorstellungen treffen beide Parteien daher am 1.1.2005 folgende Earnout-Vereinbarung:

Der Käufer Ulrich H. überweist sofort € 6 Mio. an die SpVgg Ruhrpott und ist bereit, in der 5jährigen Earnout-Periode weitere Zahlungen zu leisten, sofern der Gewinn der Shirt&Short GmbH folgende Schwellenwerte übersteigt:

2005	€ 500.000
2006	€ 1.000.000
2007	€ 1.500.000
2008	€ 2.000.000
2009	€ 2.500.000

Der jeweils über diesen Schwellenwerten liegende Gewinn soll dann zu 100% an die SpVgg Ruhrpott fließen.

Dass sich beide Seiten mit dieser Vereinbarung einverstanden erklären, basiert auf ihren unterschiedlichen Einschätzungen in Bezug auf die zukünftige Entwicklung der

Shirt&Short GmbH. Dies soll durch Heranziehung der Käufer- und Verkäuferplanungen illustriert werden.

- Bewertung der Earnout-Vereinbarung durch den Käufer

Planzahlen von Ulrich H. (in 1000 €)

		2005	2006	2007	2008	2009
Umsatz		21.000	22.050	23.153	24.310	25.526
Wachstumsrate						
Minimum	0%	5%	5%	5%	5%	
Realistisch	5%					5%
Maximum	10%					
Gewinn		1.050	1.103	1.158	1.216	1.276
Gewinnmarge						
Minimum	0%	5%	5%	5%	5%	5%
Realistisch	5%					
Maximum	10%					
Earnout-Schwelle		500	1.000	1.500	2.000	2.500
Earnout-Zahlungen		550	103	0	0	0
Barwert der Earnout-Zahlungen	617					
Basispreis	6.000					
Gesamtpreis	6.617					

Abb. 10a: Beispiel 3 - Planungsrechnung des Käufers

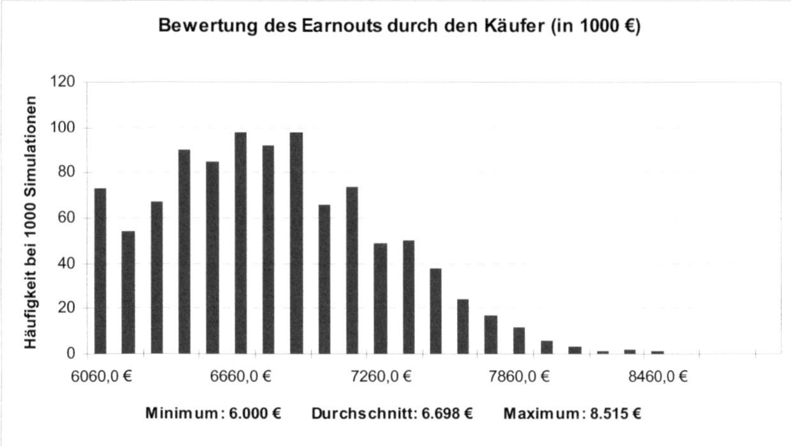

Abb. 10b: Beispiel 3 - Simulation des Kaufpreises auf Basis der Käuferplanungen.[332]

- Bewertung der Earnout-Vereinbarung durch den Verkäufer

Planzahlen der SpVgg Ruhrpott (in 1000 €)

		2005	2006	2007	2008	2009
Umsatz		23.000	26.450	30.418	34.980	40.227
Wachstumsrate						
Minimum	10%	15%	15%	15%	15%	
Realistisch	15%					15%
Maximum	20%					
Gewinn		2.300	2.645	3.042	3.498	4.028
Gewinnmarge						
Minimum	5%	10%	10%	10%	10%	10%
Realistisch	10%					
Maximum	15%					
Earnout-Schwelle		500	1.000	1.500	2.000	2.500
Earnout-Zahlungen		1800	1.645	1.542	1.498	1.528
Barwert der Earnout-Zahlungen	6.968					
Basispreis	6.000					
Gesamtpreis	12.968					

Abb. 10c: Beispiel 3 - Planungsrechnung des Verkäufers

[332] Bei der Simulation wurden 1000 Wiederholungen für die zufällige Erzeugung der Variablen Umsatzwachstumsrate und Gewinnmarge durchgeführt. Dabei wurde eine Dreiecksverteilung der Zufallsvariablen unterstellt. Alternative Verteilungen (z.B. Normal- oder Gleichverteilung) wären genauso denkbar, aber in Abwesenheit weiterer Informationen, die eine andere Verteilung rechtfertigten, gilt die Dreiecksverteilung als einfachste, da sie lediglich einen Maximal-, Minimal- und realistischsten Wert erfordert. Die Vorgehensweise und die technische Umsetzung basiert auf der Software zum Lehrbuch von *Bruner, R. F.* (2004), Kapitel 22 (Earnout.xls).

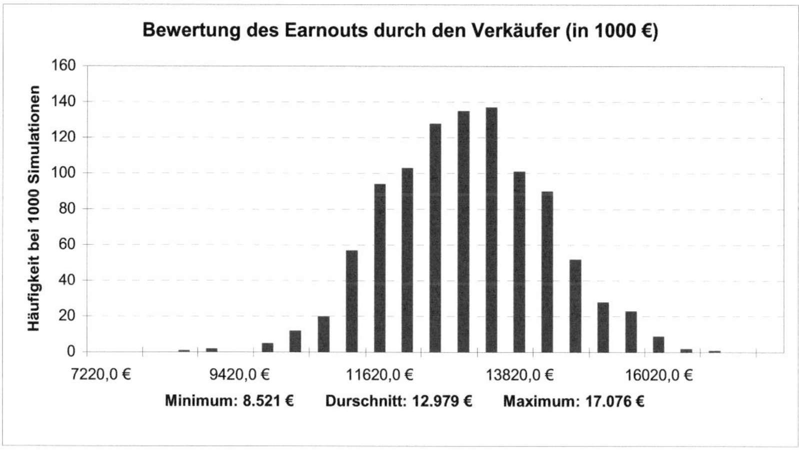

Abb. 10d: Beispiel 3 - Simulation des Kaufpreises auf Basis der Verkäuferplanungen[333]

Beide Seiten kommen also zu deutlich unterschiedlichen Ergebnissen. Dies liegt v.a. an ihrer unterschiedlichen Einschätzung der zukünftigen Entwicklung der Shirt&Short GmbH. Außerdem wurden die Parameter Umsatzwachstum und Gewinnmarge im Rahmen der Simulation zufällig erzeugt und das Ergebnis unterliegt damit immer noch einer gewissen Unsicherheit. Anhand von Konfidenzintervallen könnte die Bandbreite der möglichen Earnout-Bewertungen weiter eingeengt werden.

[333] Bei der Simulation wurden 1000 Wiederholungen für die zufällige Erzeugung der Variablen Umsatzwachstumsrate und Gewinnmarge durchgeführt. Dabei wurde eine Dreiecksverteilung der Zufallsvariablen unterstellt. Die Vorgehensweise und die technische Umsetzung basiert auf der Software zum Lehrbuch von *Bruner, R. F.* (2004), Kapitel 22 (Earnout.xls).

10 Kritische Würdigung und Ausblick

In Anbetracht der nahezu unbegrenzten Möglichkeiten bei der Gestaltung eines Unternehmensverkaufs kommt *Tannon* zu dem Schluss, dass „structuring purchase prices far more resembles an art than a science."[334] Einer dieser Kunstgriffe ist der Earnout-Ansatz. Durch seine Anwendung ist es in zahlreichen Fällen überhaupt erst möglich, eine Einigung zwischen Käufer und Verkäufer zu erzielen.

Dies liegt insbesondere daran, dass sich beide Parteien nicht sofort bei Vertragsunterzeichnung auf einen Kaufpreis einigen müssen. Anstatt dessen wird zunächst nur ein Teil des Preises festgelegt, der dann in Abhängigkeit der zukünftigen Entwicklung des übernommenen Unternehmens in der Regel nach oben korrigiert wird. Durch eine derartige Vereinbarung kann der Käufer einen Teil des Risikos auf den Verkäufer übertragen, gewissermaßen als Kompensation für dessen Informationsvorsprung. Zudem steht ihm der Verkäufer nicht nur als zusätzliche Finanzierungsquelle zur Verfügung, sondern kann durch sein Know-how und seine Kontakte einen reibungslosen und erfolgreichen Übergang des Unternehmens unterstützen.

Trotz dieser klaren Vorzüge stellt die Earnout-Methode kein Universalwerkzeug für schwierige Transaktionsverhandlungen dar. Eine beiderseitige Bereitschaft der beteiligten Parteien zu einer vertrauensvollen Kooperation während der Übergangsphase ist ebenso von Nöten, wie eine detaillierte Regelung der Zusatzpreisermittlung sowie der Rechte und Pflichten der Vertragspartner. Werden in diesen Bereichen Probleme nicht rechtzeitig erkannt, endet eine anfangs als fruchtbare Zusammenarbeit gedachte Beziehung nicht selten vor Gericht.

In der Praxis kommen Earnouts daher bevorzugt dort zum Einsatz, wo ihre Vorteile echten Mehrwert schaffen. Während ihre Anwendungshäufigkeit bezogen auf alle Transaktionen nur bei etwa 3% liegt, bedient man sich dieses Instruments dagegen in Branchen, die auf Grund ihres noch jungen Entwicklungsstadiums von erhöhter Unsicherheit geprägt sind, deutlich häufiger. In einem ungewissen Umfeld scheinen flexible Verträge oft vernünftiger als traditionelle, starre Vereinbarungen.[335] Neben technologie- und forschungsintensiven Betrieben sind es daher v.a. Dienstleistungs-

[334] *Tannon, J. M.* (1990), S. 58.
[335] Vgl. dazu *Bazerman, M. H./Gillespie, J. J.* (1999), S. 160.

unternehmen, bei deren Übernahme die Earnout-Methode vermehrt (bisweilen in mehr als 10% der Fälle) zum Einsatz kommt.

Im Rahmen grenzüberschreitender Transaktionen könnte es zukünftig sogar noch häufiger zur Vereinbarung von Earnout-Klauseln kommen. Denn durch die Bestrebungen zur internationalen Vereinheitlichung bilanzierungs- und kapitalmarktrechtlicher Vorschriften wird die Transparenz und Vergleichbarkeit der Unternehmensberichterstattung erhöht. Dadurch wird die Informationsasymmetrie insbesondere zwischen mittelständischen Gesellschaften und internationalen Investoren auf ein attraktives Niveau abgebaut. Insbesondere bei der Übernahme eigentümergeführter Betriebe bieten sich Earnouts hervorragend an, um neue geographische Märkte zu erschließen. Denn der Käufer muss weder auf den Erfahrungsschatz des Altgesellschafters verzichten, noch das mit der Investition verbundene Risiko allein tragen. Diese zwei Argumente wiegen bei internationalen Transaktionen oft doppelt schwer und garantieren der Earnout-Methode ein zukünftig noch breiteres Einsatzfeld.

Literaturverzeichnis

Akerlof, G. A. (1970): The market for „lemons“: Quality uncertainty and the market mechanism, in: Quarterly Journal of Economics 1970, Vol. 84, S. 488-500.

Althaus, K./Binder, P. M. (1998): Preisfindungsprozess richtig anpacken, Handelszeitung 1998, Heft 3, S. 45-46.

Amit, R./Glosten, L. (1990): Does Venture Capital Foster the Most Promising Entrepreneurial Firms?, in: California Management Review 1990, Vol. 32, No. 3, S. 102-111.

Barber, B. M./Loeffler, D. (1993): The “Dartboard” Column: Second-Hand Information and Price Pressure, in: Journal of Financial and Quantitative Analysis 1993, Vol. 28, No. 2, S. 273-284.

Baums, T. (1993): Ergebnisabhängige Preisvereinbarungen in Unternehmenskaufverträgen („earnouts“), in: Der Betrieb 1993, Heft 25, S. 1273-1276.

Bazermann, M. H./Gillespie, J. J. (1999): Betting on the Future: The Virtues of Contingent Contracts, in: Harvard Business Review 1999, Sept/Oct, S. 155-160.

Behringer, S. (2004): Earn-out-Klauseln bei Unternehmensakquisitionen, Unternehmen und Management 2004, Heft 7, S. 245-250.

Betsch, O./Groh, A. P./Lohmann, L. G. (2000): Coporate Finance - Unternehmensbewertung, M&A und innovative Kapitalmarktfinanzierung, München 2000.

Bhatt, B. (2002): Earnouts: Sucessfully negotiating M&A deals, URL: http://www.indiainfoline.com/nevi/earn.html, (Abfragedatum: 16.03.2005).

Biggio, S. (2001): Wege aus der Nachfolgefalle, in: Lebensmittel Zeitung 2001, Heft 48, S. 57.

Bonus, H./Hellinger, C. (2000): Neue Institutionenökonomik, in Gabler’s Wirtschaftslexikon, 15. Auflage, Wiesbaden 2000, S. 2227-2230.

Bose, M. (1992): Earn-outs or burn outs?, in: Director: Journal of Business Leadership 1992, April, S. 42-45.

Boyce, G. R./Hewitt, S. (1998): Negotiating the Contingent Earnout, in: New York Law Journal vom 9.07.1998, S. 5 und 34.

Brandl, N. (2004): Kaufpreisklauseln, in: Alshut, J./Bernütz, S./Brandl, N./Kast, D./Moritz, T./Quente, T./Schmid, T. C. (Hrsg.) (2004), Handbuch für junge Unternehmen, Stuttgart 2004, S. 625-632.

Braunschweig, P. v. (2002): Variable Kaufpreisklauseln in Unternehmenskaufverträgen, in: Der Betrieb 2002, Heft 35, S. 1815-1818.

Bruhl, R. H. (2003): A Possible Solution to the Principal-Agent Problem Posed by the Contemporary Corporate CEO, in: Journal of Business Ethics 2003, Vol. 48, No. 4, S. 401-402.

Bruner, R. F. (2001): Technical note on structuring and valuing incentive payments in M&A: earnouts and other contingent payments to the seller, working paper, University of Virginia Darden School of Business Administration.

Bruner, R. F. (2004): Applied Mergers and Acquisitions, Hoboken 2004.

Büchler, U. A. (2003): Die Kunst des Loslassen-Könnens, in: Hauseigentümer 2003, Nr. 13, S. 2.

Busse, J. A./Green, T. C. (2002): Market efficiency in real time, in: Journal of Financial Economics 2002, Vol. 65, S. 415-437.

Cable, D./Shane, S. (2002): Network ties, reputation, and the financing of new ventures, in: Management Science 2002, Vol.48, No. 3, S. 364-381.

Chatterjee, R./Erickson, M./Weber, J. P. (2004): Can Accounting Information be used to Reduce the Contracting Costs Associated with Mergers and Acquisitions? – Evidence from the use of Earnouts in Merger and Acquisition Agreements in the U.K., Working Paper, URL: http://www.sacl.vuw.ac.nz./vuw/fca/sacl/files/RobinChatterjee2372004.pdf, (Abfragedatum: 16.03.2005).

Coff, R. W. (1999): How Buyers Cope with Uncertainty when Acquiring Firms in Knowledge-Intensive Industries: Caveat Emptor, in: Organization Science 1999, Vol. 10, No. 2, S. 144-161.

Craig, B./Smith, A. (2003): The art of earnouts, in: Strategic Finance 2003, June, S. 44-47.

Datar, S./Frankel, R./Wolfson, M. (2001): Earnouts: The Effects of Adverse Selection and Agency Costs on Acquisition Techniques, in: The Journal of Law, Economics & Organization 2001, Vol. 17, No. 1, S. 201-238.

Daunt, J. A./Gehr, George v. (1996): Structuring Effective Earnouts, URL: http://www.fenwick.com/pub/corp_pubs/earnouts/main.htm (Abfragedatum: 16.03.2005).

Del Roccili, J. A./Fuhr, J. P. Jr. (2001): The Pros and Cons of Earnouts, in: Journal of Financial Service Professionals 2001, November, S. 88-93.

Delcker, M. (1992): Risiken beim Unternehmenskauf – Absicherung durch Besserungsoption, in: Der Betrieb 1992, Heft 49, S. 2453-2454.

Demougin, D./Jost, J.-P. (2001): Theoretische Grundlagen der Prinzipal-Agenten-Theorie, in: *Jost, J.-P.* (Hrsg.) (2001): Die Prinzipal-Agenten-Theorie in der Betriebswirtschaftslehre, Stuttgart 2001, S. 45-81.

Dierickx I./Koza M. (1991): Information Asymmetries: How not to "Buy a Lemon" in Negotiating Mergers and Acquisitions, in: European Management Journal 1991, Vol. 9, No. 3, S. 229-234.

Drukarczyk, J. (1998): Unternehmensbewertung, 2. Auflage, München 1998, (Mittlerweile in der 4. Auflage erschienen).

Ernst, D./Thümmel, R. C. (2002): Verhandlungstrategien und vertragliche Regelungen zur Umsetzung von Realoptionen bei M&A-Transaktionen, in: M&A Review 2002, Heft 12, S. 627-632.

Farmer, S. (1990): The Use of Escrow Accounts in Deferred Exchanges, in: The Tax Advisor 1990, Vol. 21, No. 12, S. 756-758.

Feldman, S. G. (1996): The Use of Performance (Not Economic) Earn-Outs in Computer Company Acquisitions, in: Insights 1996, Vol. 10, No. 8, S. 12-14.

Fischer, O. (2002): Omnicom muss 400 Mio. Dollar nachzahlen, in: Financial Times Deutschland vom 10 Juli 2002, S. 5.

Freund, J. C. (1975): Anatomy of a merger: Strategies and techniques for negotiating corporate acquisitions, New York 1975.

Gennari, L. H. (o.J.): "Earnouts": How They Can Help Complete High-Tech Acquisitions, URL: http://www.ghlaw.com/html/05publications/1articles/earnouts.html (Abfragedatum: 16.03.2005).

Giliberto, M. S./Varaiya, N. P. (1989): The Winner's Curse and Bidder Competition in Acquisitions: Evidence from Failed Bank Auctions, in: The Journal of Finance 1989, Vol. 44, No. 1, S. 59-75.

Goldsmith, J. D. (2002): Making an earnout work, Business Law Advisor 2002, January, S. 1f, URL: http://www.klettrooney.com/newsletters/corporate/CORPORATE_01.02.pdf, (Abfragedatum: 16.03.2005).

Griffith, V. (1990): Buying the future, in: The Banker 1990, Vol. 140, No. 771, S. 40.

Großfeld, B. (1983): Unternehmensbewertung im Gesellschaftsrecht, 1. Auflage, Köln 1983.

Gundersen, M. J. (2002): How to Make an Earnout Work, 12. Oktober 2002, URL: http://www.imakenews.com/eletra/mod_print_view.cfm?this_id=100532&u =techyvent&issue_id000028582 (Abfragedatum: 16.03.2005).

Guinomet, P. (2003): Break fee-Vereinbarungen – Eine Untersuchung von Vereinbarungen für den Fall des Scheiterns einer M&A-Transaktion, Berlin 2002.

Haas, G. (1975): Die Earn-Out-Methode bei der Unternehmensbewertung, in: Betriebs-Berater 1975, Heft 4, S. 182.

Harris, R. (2002): Caution: Earnouts Ahead, in: CFO Magazine 2002, June 3.

Haselmann, D. R. (2003): Rechtsfragen beim Unternehmenskauf, in: Heintzen, M./ Kruschwitz, L. (Hrsg.) (2003), Unternehmen bewerten, in: Betriebswirtschaftliche Schriften, Berlin 2003, Heft 155, S. 133-150.

Hecht, C. J. (1967): Earnouts, Merger & Acquisitions 1967, Summer, S. 2-16.

Hempstead, J. E. (2000): Beware non-compete, earnout clauses, in: Folio 2000, Special Sourcebook 2000, S. 108f.

Hilgard, M. C. (2004): Bagatell- und Cap-Klauseln beim Unternehmenskauf, in: Betriebs-Berater 2004, Heft 23, S. 1233-1239.

Horlacher, F. (2000): Den Abgang nicht verpassen, Handelszeitung vom 25. Oktober 2000.

Hussey, R. (1990): Earn-outs: Motivation and conflict, in: Accountancy 1990, April, S. 104-107.

Jaeger, A. (2002): Warten zahlt sich aus, in: Finance 2002, September, S. 22-23.

Janich, J. (1992): Besserungsschein – Kaufpreiskompromiß mit Chancen und Risiken, Blick durch die Wirtschaft vom 10.04.1992, Nr. 131, S. 3.

Jensen, M. C./Meckling, W. H. (1976): Theory of the firm: Managerial behavior, agency costs and ownership structure, in: Journal of Financial Economics 1976, Vol. 3, S. 305-360.

Jost, J.-P. (2001): Die Prinzipal-Agenten-Theorie im Unternehmenskontext, in: *Jost, J.-P.* (Hrsg.) (2001): Die Prinzipal-Agenten-Theorie in der Betriebswirtschaftslehre, Stuttgart 2001, S. 11-44.

Kast, D./Herrmann, K. (2004): Vorbereitung und Durchführung der Due Diligence, in: Alshut, J./Bernütz, S./Brandl, N./Kast, D./Moritz, T./Quente, T./Schmid, T. C. (Hrsg.) (2004), Handbuch für junge Unternehmen, Stuttgart 2004, S. 607-625.

Keller, M. (2003): …nur 10 Millionen?, in: Finance 2003, Oktober, S. 96f.

Kohers, N./ Ang, J. (2000): Earnouts in Mergers: Agreeing to Disagree and Agreeing to Stay, in: Journal of Business 2000, Vol. 73, No. 3, S. 445-476.

KPMG Legal (o.J.), URL: http://www.findlaw.com/12international/countries/nz/articles/1938.html (Abfragedatum: 16.03.2005).

Krallinger, J. C. (1997): Merger & Acquisitions – Managing the transaction, New York 1997.

Krendl, J. R. (2000): Acquisitions – a business and legal overview, in: *Morris, J. M.* (Hrsg.) (2000): Merger and acquisitions – business strategies for accountants, New York 2000, S. 1-74.

Kruse, P./Goldberg, S. (2002): Buyers, Sellers Increasingly Use Earnouts To Cope With Purchase Price Anxiety, December 2002, URL: http://www.fleetcapital.com/resources/capeyes/print_article.php?a=12-02-135 (Abfragedatum: 16.03.2005).

Labbé, M. (2004): Earn-Out-Ansatz als Option zur preislichen Gestaltung von Unternehmenstransaktionen, in: Finanz Betrieb 2004, Heft 2, S. 117-121.

Lacher, J./Poppe, H. (1988): Unternehmenskauf nach der Methode des „realisierten" Ertragswerts, in: Der Betrieb 1988, Heft 35, S. 1761-1765.

Link, H. (2003): Nicht alles sofort, in: Unternehmermagazin 2003, Heft 7/8, S. 58

Lochmann, D. (2003): So übernehmen Sie ein Unternehmen, Bonn 2003.

Marsden, P. (1997): When do earn-outs work?, in: Management today 1997, October, S.120.

McQuiston, R. (2003): Buying A U.S. company? Consider An Asset Purchase, in: The Metropolitain Corporate Counsel 2003, April, S. 24.

Meerkatt, H./Roos, A./Wieland, A. (2004): Strategische Aspekte von M&A-Transaktionen, in: Triebel, V. (Hrsg.) (2004), Merger & Acquisitions, Heidelberg 2004, S. 3-30.

Meinhövel, H. (2004): Grundlagen der Prinzipal-Agent-Theorie, in: Wirtschaftswissenschaftliches Studium 2004, Heft 8, S. 470-475.

Mendoza, G. S. (1992): Earnouts: A modern design for selling a firm in an age of uncertainty, in: Interiors 1992, February, S. 19 u. 22.

Meuli, H. M. (1996a): Earn-Out-Methode als Instrument der Preisgestaltung bei Unternehmensverkäufen, Zürich 1996.

Meuli, H. M. (1996b): Preisgestaltung bei Verkäufen von KMU, in: Der Schweizer Treuhänder 1996, Heft 11, S. 941-946.

Mitchell, P. (1997): Alternative Financing Techniques In Trade With Sub-Saharan Africa, in: Business America 1997, Jan/Feb, S. 29-30.

Modigliani, F./Miller, M. H. (1958): The cost of capital, corporation finance, and the theory of investment, in: American Economic Review 1958, Vol. 48, S. 261-297.

Morrison, D. L. (1992): Win/Win Business Sales, in: Strategic Finance 1992, August, S. 36-40.

Mulatz, R. (2001): Unternehmenskauf mit Earn-Out-Verfahren, in: handwerk magazin 2001, Heft 11, S. 48-49.

o.V. (1999): Deal Structuring – Earn-Outs Get Into More Deals, Merger & Acquisitions 1999, Vol. March/April, S. 35-36.

o.V. (2002): Earn-Outs are key in FASB's revisions for M&A treatment, in: Merger & Acquisitions 2002, Heft 12, S. 14-15.

Pacela, A. F. (2001) : Installment payments & „earn outs" in publishing M&A, URL: http://www.pmcweb.com/library/EarnOuts.pdf, (Abfragedatum: 16.03.2005).

Pitt, H. L./Glover, S. I. (1997): An earnout – in which part of the purchase price is contingent on performance objectives – can rescue a stalled merger, in: The National Law Journal 1997, January 27 & February 3, S. B5-B6.

Podolny, M. (1986): Structuring the deal to incentivize the seller, in: Buyouts & Acquisitions 1986, Vol. 4, No. 4, S. 58-61.

Poitrinal, F.-D. (1998): Définition et mise en oeuvre des clauses de earn-out, Les Echos vom 15.10.1998.

Pratt, J. W./Zeckhauser, R. J. (1985): Principals and agents: An overview, in: *Pratt, J. W./Zeckhauser, R. J.* (Hrsg.) (1985), Principals and agents. The structure of business, Boston 1985, S. 1-35.

Rayney, P. (1989): Making Earn-outs pay, in : Accountancy 1989, May, S. 94-96.

Ragotzky, S. (2003): Unternehmensverkauf und asymmetrische Information, in: Europäische Hochschulschriften 2003, Band 2992.

Reed, S. F./Lajoux, A. R. (1999): The Art of M&A : A merger/acquisition/buyout guide, 3. Auflage, New York 1999.

Reuer, J. J./Shenkar, O./Ragozzino, R. (2004): Mitigating risk in international mergers and acquisitions: the role of contingent payouts, in: Journal of International Business Studies 2004, Vol. 35, S. 19-32.

Reum, R. W./Steele, T. A. (1970): Contingent payout cut acquisition risks, in: Harvard Business Review 1970, March-April, S. 83-91.

Reum, R. W./Steele, T. A. (1971): Contingency payouts: a powerful tool in acquisitions, in: Strage, M. (Hrsg.) (1971), Acquisition and Merger Negotiating Strategy, New York 1971, S. 125-145.

Roberts, M. S. (2004): Earnout Structures (2. März 2004), URL: http://www.mbbi.org/info_resources/Earnout_Presentation2004.pdf (Abfragedatum: 16.03.2005).

Ross, S. A. (1973): The economic theory of agency: The principal's problem, in: American Economic Review 1973, Vol. 73, S. 134-139.

Rothschild, M./Stiglitz, J. E. (1976): Equilibrium in competitive insurance markets: An essay on the economics of imperfect information, in: Quarterly Journal of Economics 1976, Vol. 90, S. 629-650.

Salanié, B. (1995): Incitations et théories des contrats, in : Cahiers Français 1995, Vol. 272, S. 3-12.

Schrietzer, H. (2002): Aspekte von Earn-Out Deals (10.07.2002), http://www.team4e.com/upload/Aspekte_von_Earn_Out_Deals.pdf, (Abfragedatum: 16.03.2005)

Schulz, S. (2004): Earn-out-Mechanismen bei M&A-Transaktionen, in: Going Public 2004, Heft 6, S. 42-43.

Shane, S./Cable, D. (2002): Network Ties, Reputation, and the Financing of New Ventures, in: Management Science 2002, Vol. 48, Heft 3, S. 364-381.

Sherman, A. J. (1998): Mergers and Acquisitions from A to Z, New York 1998.

Sherman, S. J./Janatka, D. A. (1992): Engineering Earn-Outs To Get Deals Done And Prevent Discord, in: Merger & Acquisitions 1992, September/Oktober, S. 26-31.

Sieger, J./Hasselbach, K. (2000): Break Fee-Vereinbarung bei Unternehmenskäufen – Im Blickpunkt: Zulässigkeit und Vertragsgestaltung nach deutschem Gesellschaftsrecht, in: Betriebs-Berater 2000, Heft 13, S. 625-631.

Siegert, T./Landwehrmann, S. (2004): Die Finanzierung von M&A-Transaktionen, in: Triebel, V. (Hrsg.) (2004), Merger & Acquisitions, Heidelberg 2004, S. 31-63.

Sklar, M. L. (1995): How Seller Financing Can Work For the Buyer, in: Merger & Acquisitions 1995, March/April, S. 27-29.

Slusser, W. P./Riggs, R. (1994): Payment modes and Acquisition currencies, in: *Rock, M. L./Rock, R. H./Sikora, M.*(Hrsg.) (1994), The mergers & acquisitions handbook, New York 1994, S. 209-218.

Smith, A. (1776): An inquiry into the nature and causes of the wealth of nations, 1776.

Stephan, M. (2004): Garantien und die Stunde der Wahrheit, in: Venture Capital Magazin 2004, Heft 8, S. 16-17.

Stuart, T. E./Hoang, H./Hybels, R. C. (1999): Interorganizational Endorsements and the Performance of Entrepreneurial Ventures, in: Administrative Science Quarterly 1999, Vol. 44, Heft 2, S. 315-349.

Tannon, J. M. (1990) : The Art of Structuring A Private Company Deal, in : Merger & Acquisitions 1990, September/October, S. 58-64.

Thévenoz, C. (2002): Ne vendez pas votre entreprise n'importe comment, in: PME Magazine 2002, vom 31. Mai 2002.

Traichal, P. A./Gallinger, G. W./Johnson, S. A. (1999): The Relationship Between Pay-For-Performance Contracting and External Monitoring, in: Managerial Finance 1999, Vol. 25, Heft 9, S. 68-88.

Uzik, M./Weiser, M. F. (2003): Kapitalkostenbestimmung mittels CAPM oder MCPM™? – Eine empirische Untersuchung für den deutschen Kapitalmarkt, in: Finanz Betrieb 2003, Heft 11, S. 705-718.

Vargas, R. V. (2004): Earned Value Probabilistic Forecasting Using Monte Carlo Simulation, in: AACE International Transactions 2004, S. CSC.16.1-CSC.16.8.

Vischer M. (2002): Earn out-Klauseln in Unternehmenskaufverträgen, in: Schweizerische Juristenzeitung 2002, Heft 21, S. 509-517.

Walton, L./Metcalf, B. W./Hamilton, A. H. (2004): Earnouts and other purchase price provisions: practical approaches, URL: http://www.abanet.org/buslaw/newsletter/0029/materials/pub/10.pdf, (Abfragedatum: 16.03.2005)

Weibrecht, C. v./Fischer, M. (2003): Wechsel mit System, in: Automobil Industrie vom 1. Februar 2003, URL: http://www.automobilindustrie.de/fachartikel/ai_fachartikel_127837.html, (Abfragedatum: 16.03.2005).

Weiser, M. F. (2004): Die Earnout-Methode zur Überwindung divergierender Werteinschätzungen im Rahmen von M&A-Transaktionen, in: M&A Review 2004, Heft 12, S. 512-518.

Wendling, R. V./Lorance, R. B. (1999): Basic Techniques for Analyzing and Presenting Schedule Risk Analysis, in: AACE International Transactions 1999, S. RISK.08.1-RISK.08.8.

White, D. J. (2003): Work of the Devil?, in: The Daily Deal vom 8. April 2003, S. 7.

Wilkinson, M. D. (2001): Obtaining a High Price For Your Business Through Earn-Outs (Dezember 2001), URL: http://www.shipman-goodwin.com/news_story.php?aid=103, (Abfragedatum: 16.03.2005).

Womack, K. L. (2001): Do Brokerage Analysts' Recommendations Have Investment Value?, in: Journal of Finance 2001, Vol. 51, Heft 1, S. 137-167.